現場で使える

Webデザイン アイデアレシピ

小林マサユキ 著

HTML&CSSで表現するシンプルで使いやすい70のレシピ

本書のサポートサイト

本書で使用されているサンプルファイルを掲載しております。訂正・補足情報についてもここに掲載していきます。

https://book.mynavi.jp/supportsite/detail/9784839977351_WDIR.html

- サンプルファイルのダウンロードにはインターネット環境が必要です。
- サンプルファイルはすべてお客様自身の責任においてご利用ください。
- サンプルファイルおよび動画を使用した結果で発生したいかなる損害や損失、その他いかなる事態についても、弊社および著作権者は一切その責任を負いません。
- サンプルファイルに含まれるデータやプログラム、ファイルはすべて著作物であり、著作権はそれぞれの著作者にあります。本書籍購入者が学習用として個人で閲覧する以外の使用は認められませんので、ご注意ください。営利目的・個人使用にかかわらず、データの複製や再配布を禁じます。
- 本書に掲載されているサンプルはあくまで本書学習用として作成されたもので、実際に使用することは想定しておりません。ご了承ください。

ご注意

- 本書での学習にはインターネット環境が必要です。
- 本書に登場するソフトウェアやURLの情報は、2022年1月段階での情報に基づいて執筆されています。執筆以降に変更されている可能性があります。
- 本書の制作にあたっては正確な記述につとめましたが、著者や出版社のいずれも、本書の内容に関して何らかの保証をするものではなく、内容に関するいかなる運用結果についても一切の責任を負いません。あらかじめご了承ください。
- 本書中の会社名や商品名は、該当する各社の商標または登録商標です。本書中ではTMおよび®は省略させていただいております。

はじめに

Webデザインアイデアレシピは、私がTwitterで発信してきたWeb制作Tipsをまとめて、具体的に解説した一冊です。

・HTMLやCSSの基礎を学んできて、次のステップを踏みたい
・独学で学んできたので、他人のコードを見てみたい
・無駄なコードを省き、短縮化させたい
・よく見かけるあのデザイン、どう実装すればいいのかわからない

このような方を対象として「デザインを見ただけで必要なHTMLタグとCSSコードをイメージし、実装できるようになる」をテーマに、Twitterでは紹介しきれなかったデザインアイデアを画像を使って詳しく解説するのが本書の役割です。

Web制作でよく使われる「背景・画像・写真装飾」「見出しやテキストの装飾」「レイアウト」「ボタンデザイン」と4つのデザインカテゴリーをメインに、お問い合わせフォームのUI、Google検索結果ページに反映する構造化データの書き方、デザインやコーディングを便利にするウェブサービスの紹介など、Web制作の現場で活用できる情報を詰め込みました。

駆け出しフリーランスのステップアップや制作会社の新人教育資料として、あなたの制作現場で活用していただければ幸いです。

2022年1月
小林 マサユキ

本書を読む前に

リセットCSSについて

Google ChromeやFirefox、SafariなどのWebブラウザごとにデフォルトの設定があるため、表示結果に差異があります。そこで、リセットCSSを利用して初期スタイルを統一させることで実装しやすくします。

リセットCSSにはすべてのスタイルをリセットするものや、一部のスタイルを残してブラウザ間の差異を統一させるものがありますが、本書ではすべてのスタイルをリセットする『sanitize.css』を使って解説していきます。

リセットCSSの適用方法

sanitize.cssを適用する方法を紹介します。

下記ダウンロード先の「Download」ボタンをクリックするとリセットCSSファイルをダウンロードできます。

ダウンロード先
https://csstools.github.io/sanitize.css/

リセットCSS「sanitize.css」ファイルを任意の場所にアップロードし、適用したいHTMLファイルの<head>～</head>内に下記「HTML例」のように記述すれば、リセットCSSが適用されます。

HTML例

```
<link rel="stylesheet" href="sanitize.css">
```

対応ブラウザについて

対応ブラウザは、Google Chrome、Mozilla Firefox、Apple Safari、Microsoft Edgeの最新版です（2022年1月時点）。

Internet Explorer（インターネットエクスプローラー）は、2022年6月16日（日本時間）からMicrosoft社の公式サポート対象外となるため、本書でも対応ブラウザから外しております。

また、一部コードについては対応ブラウザ最新版のみの対応となっているものがあるため、前バージョンまで（もしくは近年まで）対応外だったコードについては、別途対応するコードを紹介しています。

サポートサイトについて

本書内のコードをコピー&ペーストして使用できるようにサポートサイトを用意し、コードを紹介しております。本書解説とともにご利用ください。

サポートサイト
https://wdidearecipe.com

最新の正誤情報も記載していますので、合わせてご確認ください。

アクセシビリティについて

ユーザーが操作しやすい環境をつくるアクセシビリティは、Webサイト制作でも定番となってきております。しかし、本書内ではWebデザインの実装を主としているため、アクセシビリティについてはふれておりません。サポートサイトにて、アクセシビリティに対応したコードを紹介しますのでご覧ください。

目次

Chapter 1 背景・画像・写真装飾

Chapter 2 見出しやテキストの装飾

Chapter 3 ボタンデザイン

Chapter 4 レイアウト

Chapter 5 お問い合わせフォーム

Chapter 6 現場で使えるWebツールと素材配布サイト

Chapter 7 Google検索結果ページへの対策

アイコンからデザインを探す

著者略歴

小林 マサユキ（Webデザイナー）

Webサイト制作をメインにサイト設計からデザイン、コーディングまでをワンストップで請負うフリーランスWebデザイナーとして活動。シンプルで伝わりやすいデザインを得意とし、中小企業のコーポレートサイト制作を主として制作。Twitter（@pulpxstyle）では自身の経験から得た制作の現場で使えるTipsやアイデアを発信中。

Chapter

1

背景・画像・写真装飾

写真や画像をそのまま掲載するのは物足りない。シンプルながらデザインのアクセントになる画像装飾Tipsをご紹介します。

1 写真下背景色のずらし装飾

ポイント

- ✅ 疑似要素を使わず、box-shadowの1行だけで実装できる
- ✅ シンプルにテーマカラーを印象付ける

コード

HTML

```html
<img src="picture.jpg" alt="カフェの写真">
```

CSS

```css
img {
  box-shadow: 15px 15px 0 #ea987e;
}
```

解説

写真の下に背景色をずらして敷くデザイン。視線を集めるとともにテーマカラーを自然に印象づけられるようになります。

疑似要素を使って背景色つきの四角形を作成して配置する方法もありますが、box-shadowを利用すれば1行で実装できます。

box-shadowは要素にシャドウ効果を追加するコードとして利用されることが多いのですが、ぼかし量を0にすることで影ではなく背景色つきのボックスとして表現できます。サンプルでは、X軸へ15px、Y軸へ15pxずらすように設定しています。

また、背景色つきボックスを左上にずらすことも可能です。コードの一例を示します。

```css
img {
   box-shadow: -15px -15px 0 #ea987e;
}
```

X軸、Y軸ともにマイナス（ー）の値を指定することで、写真の左上にボックスを配置できます。

注意点

背景色つきボックスは要素と同じサイズになるため、もし要素のサイズではなく自由に変更したい場合にはbox-shadowではなく疑似要素を利用することになります。デザインに合わせて使い分けましょう。

写真と背景色つきボックスのサイズが同じであればbox-shadowで実装

写真と背景色つきボックスのサイズが異なるのであれば疑似要素で実装

2 写真の背景斜線ずらし装飾

ポイント

- ✓ さりげないあしらいを施すことができる
- ✓ 斜線の太さで印象を変えられる

コード

HTML
```
<div class="pic">
  <img src="picture.jpg" alt="カフェ店内の写真">
</div>
```

CSS
```
.pic {
  position: relative; /*疑似要素の基準*/
}

.pic img {
```

```
    position: relative; /*z-indexを効かせるために必要*/
    z-index: 2; /*画像を斜線の上の階層に表示させる*/
}

.pic::before {
    content: '';
    position: absolute;
    bottom: -15px; /*基準の下から15px分移動させる*/
    right: -15px; /*基準の右から15px分移動させる*/
    width: 100%; /*包括する親要素の横サイズ100%*/
    height: 100%; /*包括する親要素の縦サイズ100%*/
    background-image: repeating-linear-gradient(
        -45deg, /*45°回転*/
        #d34e23 0px, #d34e23 2px, /*色の付いた線*/
        rgba(0 0 0 / 0) 0%, rgba(0 0 0 / 0) 50% /*余白(透明部分)*/
    );
    background-size: 8px 8px;
    z-index: 1; /*斜線を写真の下の階層に表示させる*/
}
```

解説

さりげなくポップな印象を与えることができる斜線を使った写真のデザイン。このデザインは、疑似要素を使って実装します。

画像（imgタグ）を包括する親要素を基準にして、疑似要素（::before）に斜線のスタイルを適用していきます。

まずは疑似要素の位置を設定します。position: absoluteを指定し、bottom: -15pxとright: -15pxで画像より右下に15pxずれるように。width: 100%とheight: 100%で親要素の100%のサイズ（親要素と同じサイズ）を指定します。

次ページへ

前ページより

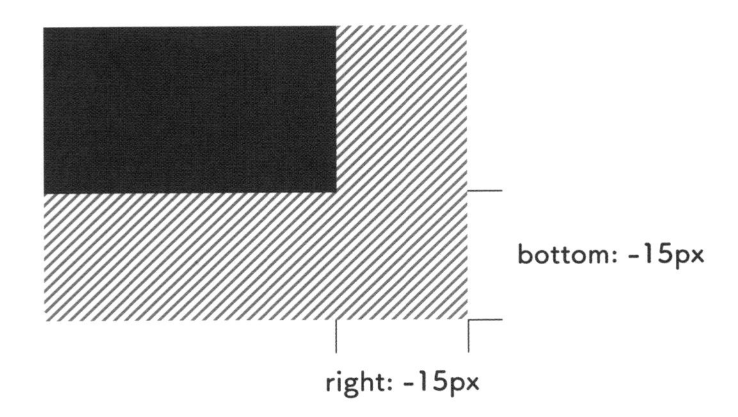

bottom: -15pxとright: -15pxを指定して
親要素の基準からずらす

斜線は、反復線形グラデーションrepeating-linear-gradientで背景の繰り返し指定によって表現します。

```
repeating-linear-gradient(
   #d34e23 0px, #d34e23 2px,
   rgba(0 0 0 / 0) 0%, rgba(0 0 0 / 0) 50%
)
```

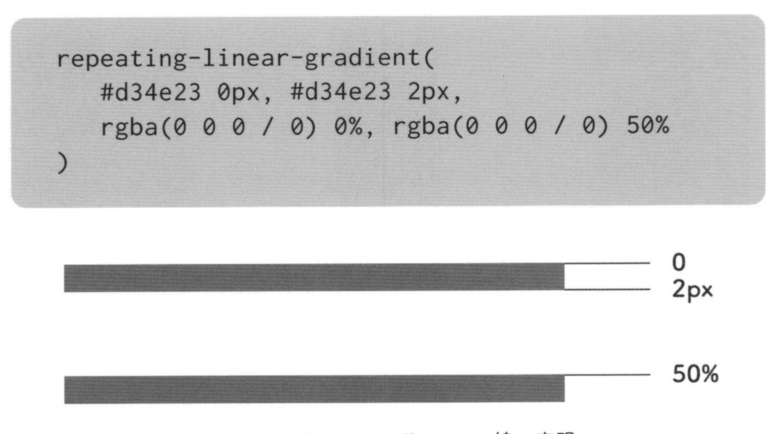

repeating-linear-gradient での線の表現

図のように、#d34e23 0px, #d34e23 2pxで0pxの位置から2pxの位置まで色のついた線を表現します。rgba(0 0 0 / 0) 0%, rgba(0 0 0 / 0) 50%で透明の余白をつくり、線を組み合わせることでストライプを表現しています。

上記のストライプを-45degで45°回転させて斜線ストライプにします。

また、色のついた線のサイズを変更することで印象が変わります。

```
repeating-linear-gradient(
   -45deg,
   #d34e23 0px, #d34e23 4px,
   rgba(0 0 0 / 0) 0%, rgba(0 0 0 / 0) 50%
)
```

線を太くした例

```
repeating-linear-gradient(
   -45deg,
   #d34e23 0px, #d34e23 1px,
   rgba(0 0 0 / 0) 0%, rgba(0 0 0 / 0) 50%
)
```

線を細くした例

注意点

斜線を表現した疑似要素を画像の下へ敷くために画像と疑似要素にz-indexを指定しましたが、疑似要素だけにz-index: -1を指定しても斜線を画像の下に敷くことは可能です。

しかし、画像と親要素を包括する要素があり、その包括する要素に背景を設定した場合は、背景の下に斜線の疑似要素が敷かれるので表示されません。

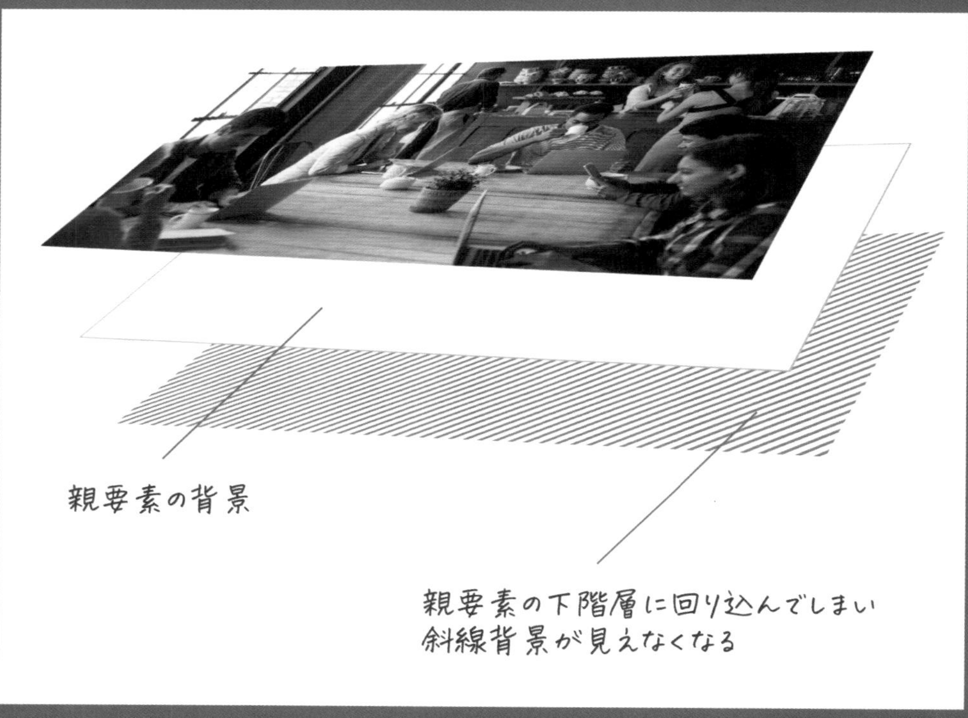
親要素の背景
親要素の下階層に回り込んでしまい
斜線背景が見えなくなる

親要素に背景色が指定してあると背景の下に回り込んでしまうので、斜線背景が見えなくなる

今回紹介した画像と斜線の疑似要素にそれぞれz-indexを指定する方法を覚えておくと、不具合に遭遇する機会は減るでしょう。

3 写真のドットパターン背景ずらし装飾

ポイント

- ✓ シンプルなデザインながらポップな印象を付けられる
- ✓ ドットのサイズで印象を変えられる

コード

HTML

```
<div class="pic">
   <img src="picture.jpg" alt="店内にいる女性の後ろ姿の写真">
</div>
```

CSS

```
.pic {
   position: relative; /*疑似要素の基準*/
}

.pic img {
```

→ 次ページへ

前ページより

```
    position: relative; /*z-indexを効かせるために必要*/
    z-index: 2; /*写真をドットパターンの上の階層に表示させる*/
}

.pic::before {
    content: '';
    position: absolute;
    bottom: -30px;
    right: -30px;
    width: 100%; /*包括する親要素の横サイズ100%*/
    height: 100%; /*包括する親要素の縦サイズ100%*/
    background-image: radial-gradient(
        #ea987e 20%, /*ドットの色とサイズを指定*/
        rgba(0 0 0 / 0) 21%
    );
    background-size: 10px 10px; /*リピートさせない状態でのbackgroundのサイズを指定*/
    background-position: right bottom; /*ドットパターン開始位置を指定*/
    z-index: 1; /*ドットパターンを写真の下の階層に表示させる*/
}
```


解説

可愛らしくポップな印象を与えるドットデザイン。写真のあしらいとすることで、やわらかなイメージをつけられます。

画像（imgタグ）を包括する親要素を基準にして、疑似要素（::before）にドットのスタイルを適用していきます。

まずは疑似要素の位置を設定します。position: absoluteを指定し、bottom: -30pxとright: -30pxで画像より右下に30pxずらします。width: 100%とheight: 100%で親要素の100%のサイズ（親要素と同じサイズ）を指定します。

background-sizeは、リピートさせない状態でのbackgroundのサイズを指定します。このサイズを調整することで、ドットサイズや余白サイズを変更できます。

ドット（円）は、円形グラデーションradial-gradientで作成します。#ea987e 20%で先ほど設定したbackground-size: 10px 10pxのサイズを基準とする20%=2pxの円を表現しています。rgba(0 0 0 / 0) 21%で、21%以外は透明を指定することで図の状態になります。

```
background-image: radial-gradient(
   #ea987e 20%, /*ドットの色とサイズを指定*/
   rgba(0 0 0 / 0) 21%
);
background-size: 10px 10px;
```

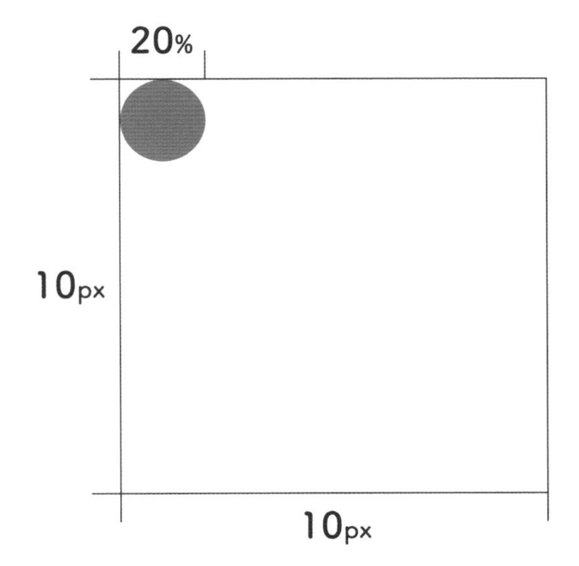

background-sizeと円形グラデーションを指定

background-repeatの初期値がrepeatなので、未指定にすると円がリピートして表示されます。

次ページへ

前ページより

background-repeatの初期値がrepeatなので
未指定でリピートして表示される

さらに、background-position: right bottomでドットパターンの開始位置を指定します。

background-position未指定だと左上が開始位置になるため、
ドットのサイズによってはパターンの右下が切れてしまい、見た目が悪くなる

ドットパターンの開始位置を
右下にすると切れない

background-position: right bottomを指定して開始位置を右下にすれば、
ドットパターンの右下部分は切れることなくきれいに表示される

注意点

先述したようにドットパターンはドットサイズや画像サイズによって、ドットの端が見切れてしまうことがあります。その点はあらかじめ確認しておいた方がいいです。

見切れても良い場合には、サンプルのようにbackground-position: right bottomを指定することで、目立つ場所である要素の右下部分がきれいに表示されるよう、デザインに合わせて開始位置を指定しておきましょう。

4 被写体の影ずらし装飾

ポイント

- ✓ 透過背景を無視して被写体に影を付けられる
- ✓ CSSですぐに色を変更できる

コード

HTML

```
<img src="picture.jpg" alt="女性の写真">
```

CSS

```
img {
   filter: drop-shadow(15px 15px 0 #ea987e);
}
```

解説

被写体を切り取った透過背景の画像に影をつけるデザイン。一般的にはPhotoshopなどの画像編集ソフトを利用して影を作成することが多いのですが、CSSでこれを実装します。

背景を切り取った画像を用意し、ドロップシャドウ効果filter: drop-shadowで影を表現します。

```
filter: drop-shadow(offset-x offset-y blur-radius color);
```

offset-xはX軸、offset-yはY軸の値を表し、ここでは15pxずらして表示させています。blur-radiusはぼかしの半径で、今回はぼかしなしで表現するので0にします。

注意点

影は被写体の形どおりに生成されるので、サンプルのように被写体が枠内におさまっていない場合、影の位置には注意が必要です。

被写体が上半身のみで下がカットされていると、上にずらしたときに意図しない表示になる可能性があります。そのため、移動させる方向は被写体に合わせて調整が必要です。

5 写真に斜線枠

ポイント

- ☑ シンプルなデザインながらポップな印象を付けられる
- ☑ 斜線の太さでイメージを変えられる
- ☑ 異なる画像サイズに対応

コード

HTML
```
<div class="pic">
   <img src="picture.jpg" alt="コーヒを飲む女性の写真">
</div>
```

CSS
```
.pic {
   position: relative; /*疑似要素の基準*/
}
```

```
.pic::after {
  content: '';
  position: absolute;
  top: 50%;
  left: 50%;
  transform: translate(-50%, -50%);
  width: calc(100% - 20px); /*左右の斜線枠半分の値x2を差引いた計算式*/
  height: calc(100% - 20px); /*左右の斜線枠半分の値x2を差引いた計算式*/
  border-image-source: repeating-linear-gradient(
    45deg, /*45°回転*/
    #ea987e 0px, #ea987e 2px, /*色の付いた線*/
    rgba(0 0 0 / 0) 2px, rgba(0 0 0 / 0) 7px /*余白(透明)部分*/
  );
  border-image-slice: 20; /*border 4辺の使用範囲を指定*/
  border-width: 20px; /*ボーダーの幅*/
  border-image-repeat: round; /*タイル状に繰り返して表示*/
  border-style: solid; /*1本の線として表現*/
}
```

解説

全体的にポップな印象をつけたいときに使える写真のあしらい。疑似要素を利用して実装します。

border-imageプロパティを使い、border-image-sourceにrepeating-linear-gradientで斜線を表現します。

45degは斜線の角度#ea987e 0, #ea987e 2pxで斜線の色と幅(2px)、rgba(0 0 0 / 0) 2px, rgba(0 0 0 / 0) 7pxで透明の余白を指定することで斜線ストライプを表現しています。

border-width: 20pxでborderの太さを指定、border-image-slice: 20でborderの4辺の使用範囲を指定、border-image-repeat: roundでタイル状に繰り返して表示させます。

→ 次ページへ

前ページより

```
border-width: 20px
```

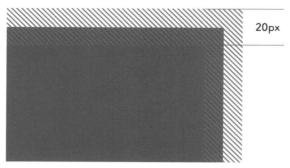

border-widthで斜線枠の幅を指定

これで斜線枠が表現できます。

次に、枠の配置とサイズを指定します。
top: 50%とleft: 50%、transform: translate(-50%, -50%)で上下左右中央に配置させます。

width: calc(100% - 20px)とheight: calc(100% - 20px)で4辺がそれぞれ10pxずつ内側に表示されます。

```
width: calc(100% - 20px);
height: calc(100% - 20px);
```

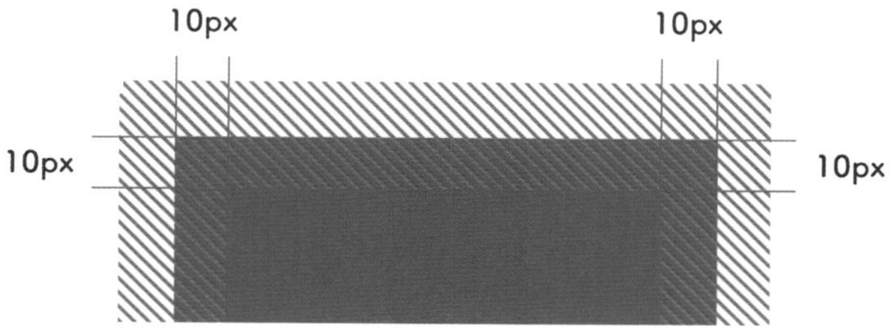

斜線枠のborder-width値の半分サイズを2本分ずつ差引いた計算式

ちなみに、widthとheightを計算式のcalcを使用せずに100%指定すると、下の画像のように写真の外側に配置されるので、内側に10pxずつずらすためにcalcを使用して計算し、配置します。

```
width: 100%;
height: 100%;
```

横縦サイズを100%指定にした状態

また、斜線の色を変えると印象はガラッと変わります。サイト全体のテーマカラーに合わせて指定すると効果的です。

斜線の色に#256388を指定

斜線の色に#d1a833を指定

6 角に三角装飾

ポイント

- ✓ 部分的な装飾ながら目に留まりやすいデザイン
- ✓ 色のトーンで印象を変えられる

コード

HTML

```
<div class="pic">
  <img src="picture.jpg" alt="カフェ店内のコーヒーの写真">
</div>
```

CSS

```
.pic {
  position: relative; /*疑似要素の基準*/
}

.pic::before,
```

```
.pic::after {
   content: '';
   position: absolute;
   width: 0px; /*疑似要素にはボックスのサイズを指定しない*/
   height: 0px; /*疑似要素にはボックスのサイズを指定しない*/
}

.pic::before {
   top: -10px; /*基準の上から-10px移動させる*/
   right: -10px; /*基準の右から-10px移動させる*/
   border-top: 30px solid #ea987e;
   border-right: 30px solid #ea987e;
   border-bottom: 30px solid rgba(0 0 0 / 0);
   border-left: 30px solid rgba(0 0 0 / 0);
}

.pic::after {
   bottom: -10px; /*基準の下から-10px移動させる*/
   left: -10px; /*基準の左から-10px移動させる*/
   border-top: 30px solid rgba(0 0 0 / 0);
   border-right: 30px solid rgba(0 0 0 / 0);
   border-bottom: 30px solid #ea987e;
   border-left: 30px solid #ea987e;
}
```

解説

写真にささやかな装飾が欲しいときに使えるのが三角のあしらい。テーマカラーや同系色でカラーリングするとデザインのアクセントになります。

疑似要素にwidth: 0pxとheight: 0pxを指定し、border部分を30pxに指定することで図のように表示できます(図ではわかりやすいように位置ごとに色を変更してあります)。

→ 次ページへ

前ページより

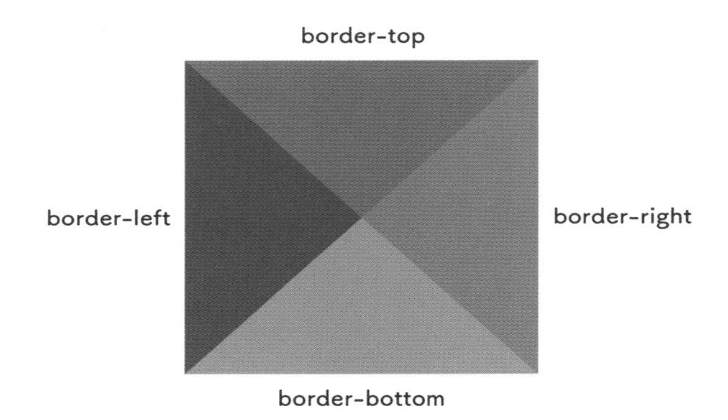

最終的に表現したい三角形の形に合わせて色を指定することで表現します。

疑似要素::beforeは右上の三角形でborder-topとborder-rightに色を指定し、border-bottomとborder-leftに透明を指定することで三角形を作っています。

```
.pic::before {
  border-top: 30px solid #ea987e;
  border-right: 30px solid #ea987e;
  border-bottom: 30px solid rgba(0 0 0 / 0);
  border-left: 30px solid rgba(0 0 0 / 0);
}
```

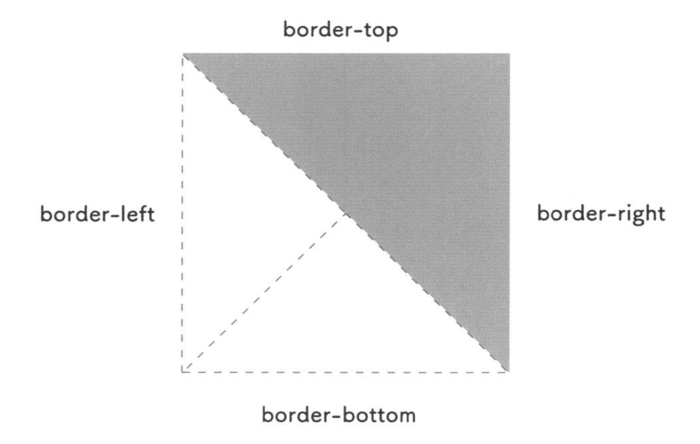

右上の三角を疑似要素::beforeのborderで表現

また、疑似要素::afterは左下の三角形でborder-bottomとborder-leftに色を指定し、border-topとborder-rightに透明を指定することで三角形を作ります。

```
.pic::after {
   border-top: 30px solid rgba(0 0 0 / 0);
   border-right: 30px solid rgba(0 0 0 / 0);
   border-bottom: 30px solid #ea987e;
   border-left: 30px solid #ea987e;
}
```

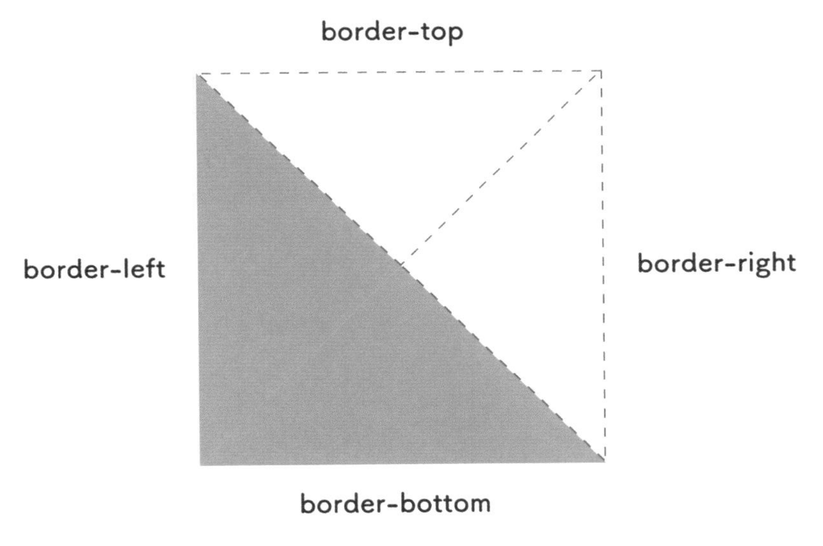

左下の三角を疑似要素::afterのborderで表現

最後は配置です。疑似要素にposition: absoluteを指定し、右上の三角形にはtop: -10pxとright: -10px、右下の三角形にはbottom: -10pxとleft: -10pxをそれぞれ指定して、画像から少しずらした位置に表示されるように設定しています。

7 角に切り込み

ポイント

- ✓ シンプルなデザインでまとめたいときにおすすめ
- ✓ イメージを変えずに装飾できる

コード

HTML
```
<div class="pic">
  <img src="picture.jpg" alt="グループが談笑している写真">
</div>
```

CSS
```
.pic {
  position: relative; /*疑似要素の基準*/
}

.pic::before,
```

```
.pic::after {
   content: '';
   position: absolute;
   transform: rotate(-35deg); /*35°回転*/
   width: 70px;
   height: 25px;
   background-color: #fff; /*背景色と同じ色を指定*/
}

.pic::before {
   top: -10px;
   left: -25px;
   border-bottom: 1px solid #aaa; /*背景色に合わせてグレー色の線で切れ目を表現*/
}

.pic::after {
   bottom: -10px;
   right: -25px;
   border-top: 1px solid #aaa; /*背景色に合わせてグレー色の線で切れ目を表現*/
}
```

解説

おしゃれな写真アルバムで見かける、切れ目に写真をさして固定させたように見せるデザイン。あしらいをあまり強調させたくないときにおすすめです。

切れ目を擬似要素で表現します。擬似要素::beforeと::afterで70px x 25pxのボックスを2つ作ります。サイズは写真に合わせて調整します。

background-colorには背景色と同じ色（サンプルでは白背景#fff）を指定し、transform: rotate(-35deg)で35°回転させます。

position: absoluteを指定し、左上の切れ目にはtop: -10pxとleft: -25pxを、右下の切れ目にはbottom: -10pxとright: -25pxをそれぞれ指定して配置。位置の値も写真サイズや疑似要素のサイズ（widthとheight）に合わせて調整します。

→ 次ページへ

前ページより

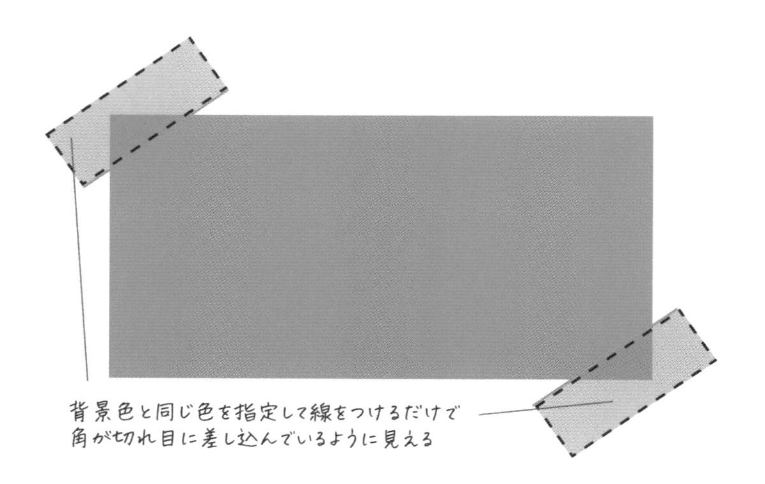

背景色と同じ色を指定して線をつけるだけで
角が切れ目に差し込んでいるように見える

図のように角に重ねて、隠れるように配置することで切れ目の中に差し込んだように見せています。

背景色が単色であれば問題ないのですが、グラデーションや画像背景、テクスチャーなどだと表現できません。その場合はborderを削除し、background-colorに色を付けるだけで写真をテープで留めたように見せることもできます。

疑似要素にbackground-color: #ea987eを指定するとテープで留めたように見せることも

8 ロゴ画像の白背景を透過させる

ポイント

- ☑ 白背景色が付いたロゴ画像の背景を透過させられる
- ☑ Photoshopを使う手間が省ける

コード

HTML

```html
<div class="logo">
   <img src="logo.jpg" alt="Coffee Shop のロゴ画像">
</div>
```

CSS

```css
img {
   mix-blend-mode: multiply; /*ロゴ画像の白背景色を透過*/
}

.logo {
```

次ページへ

前ページより

```
    display: flex;
    justify-content: center; /*ロゴ画像の左右中央配置*/
    align-items: center; /*ロゴ画像の上下中央配置*/
    background-image: url(background-picture.jpg); /*背景写真を指定*/
    background-size: cover;
    background-repeat: no-repeat;
    background-position: center;
}
```

解説

昔よく見かけた白背景つきのロゴ画像。最近は見かける機会が少なくなりましたが、まれに出会うことも。そんなときはロゴのガイドラインを確認したうえでPhotoshopを使って背景を透過させているかと思いますが、実はCSSでも透過させられます。

変化させたい要素にmix-blend-modeを指定します。このプロパティは、Photoshopといった画像編集ソフトでいうブレンドモードと同じ効果で、背景に画像やテキストを重ねたとき、どのように表示させるかを指定できます。

白背景を透過させるには、mix-blend-mode: multiplyを使います。これはPhotoshopでは乗算のことで、白を乗算すると変化はせずに白部分がなくなるので、その効果を利用してロゴの白背景色を透過させています。

注意点

このテクニックはロゴマークが黒で背景色が白の場合にのみ実装できます。

ロゴマークがグレー（#aaa）の場合、ロゴマークが透過する

背景色がグレー（#eee）の場合、背景が半透明になる

背景色に色がついている場合、色がついた半透明背景になる

9 写真フィルター

9-1 写真フィルター 斜線

ポイント

- ✔ メインビジュアルのキャッチコピー背景として利用できる
- ✔ 色によって情緒的な印象を与えられる

コード

HTML

```
<div class="pic">
   <img src="picture.jpg" alt="エスプレッソマシンの写真">
</div>
```

CSS

```
.pic {
   position: relative; /*斜線フィルターの配置基準*/
}
```

```
.pic img {
  display: block; /*画像の不要な余白対策*/
}

.pic::before {
  content: '';
  position: absolute;
  top: 0;
  left: 0;
  width: 100%;
  height: 100%;
  background-image:
    repeating-linear-gradient(
      -45deg, /*45°回転*/
      rgba(201 72 31 / .6) 0px, rgba(201 72 31 / .6) 1px, /*半透明の線*/
      rgba(0 0 0 / 0) 0%, rgba(0 0 0 / 0) 50%  /*余白(透明)部分*/
    );
  background-size: 6px 6px;
}
```

解説

写真の上に斜線を表現したフィルターを重ねるデザイン。

メインビジュアルやフッターの背景に写真を使用する機会が多いですが、上に乗せたテキストが読みづらい場合があります。半透明の背景色を付ける方法が一般的ですが、背景の写真を印象的にしたいときにおすすめするのが斜線フィルター。テーマカラーで指定するとページ全体の統一感を出すことができます。

写真を包括する親要素にposition: relativeで斜線フィルターの配置基準を作ります。斜線はbackground-image: repeating-linear-gradientで表現します。

サンプルでは、rgba(201 72 31 / .6)を0pxから1pxの位置まで指定。rgba(0 0 0 / 0) 0%, rgba(0 0 0 / 0) 50%で透明を指定し、余白を空けています。-45degで斜めにして斜線フィルターの完成です。

→ 次ページへ

9-2 写真フィルター ドット

ポイント

- ✓ ポップな印象を与えられる
- ✓ 画質の粗い写真や動画に効果的

コード

HTML

```
<div class="pic">
   <img src="picture.jpg" alt="カフェ店内の写真">
</div>
```

CSS

```
.pic {
   position: relative; /*ドットフィルターの基準*/
}

.pic img {
   display: block; /*画像の余計な余白対策*/
}

.pic::before {
   content: '';
```

```
  position: absolute;
  top: 0;
  left: 0;
  width: 100%;
  height: 100%;
  background-image:
    radial-gradient(rgba(201 72 31 / .6) 30%, rgba(0 0 0 / 0) 31%),
/*1つの円の色とサイズを表現*/
    radial-gradient(rgba(201 72 31 / .6) 30%, rgba(0 0 0 / 0) 31%);
/*1つの円の色とサイズを表現*/
  background-size: 6px 6px; /*リピートさせない状態でのbackgroundのサイズ
を指定*/
  background-position: 0 0, 3px 3px; /*円の位置を指定*/
}
```

解説

斜線フィルターと同様に、メインビジュアルやフッターの背景写真に使えるドットフィルターのデザイン。斜線はシャープな印象を与えられますが、ドットはシンプルでかわいい印象を与えられます。

画像（imgタグ）を包括する親要素を基準にして、疑似要素（::before）にドットのスタイルを適用していきます。

まずは疑似要素の位置を設定します。position: absoluteを指定し、top: 0pxとleft: 0pxで基準に合わせます。width: 100%とheight: 100%で親要素の100%のサイズ（親要素と同じサイズ）を指定します。

background-sizeは、リピートさせない状態でのbackgroundのサイズを指定します。このサイズを調整することで、ドット（円）サイズや余白サイズが変更できます。

ドット（円）は、円形グラデーションradial-gradientで作成します。

rgba(201 72 31 / .6) 30%で、先ほど設定したbackground-size: 6px 6pxのサイズを基準とした30%=1.8pxの円を表現しています。rgba(0 0 0 / 0) 31%で透明を指定することで、図の状態になります。

次ページへ

前ページより

```
background-image: radial-gradient(rgba(201 72
31 / .6) 30%, rgba(0 0 0 / 0) 31%);
background-size: 6px 6px;
```

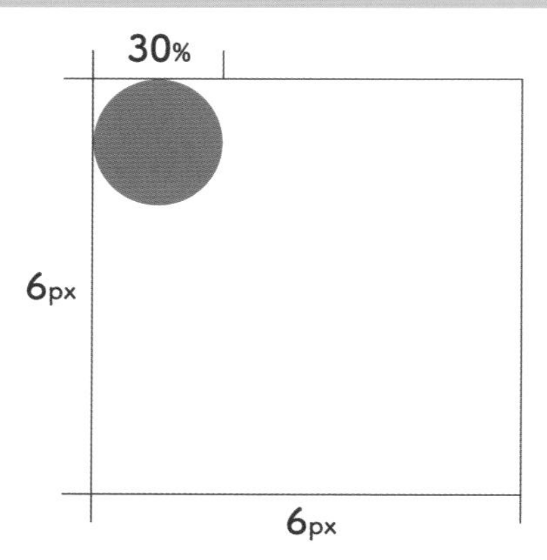

background-sizeと円形グラデーションの状態

このままリピートさせる例を紹介します。background-repeatの初期値がrepeatなので、未指定にすると円がリピートして表示されます。

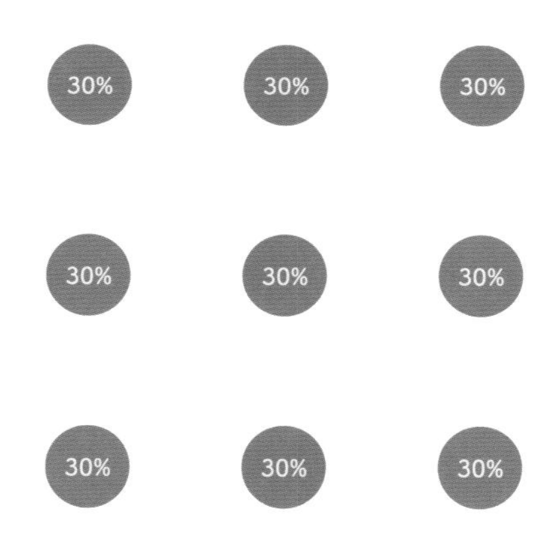

background-repeatの初期値がrepeatなので未指定だとリピートして表示される

さらに密度を上げるために円を増やします。カンマ(,)で区切ってradial-gradient(rgba(201 72 31 / .6) 30%, rgba(0 0 0 / 0) 31%)を追記すると、background-size: 6px 6pxの基準内にもう1つ円が表示されます。

さらに、 作成した2つの円をbackground-size基準内のどこに配置するのかをbackground-position: 0 0, 3px 3pxで指定しています。ここでは左上から0px 0pxの位置に1つ、3px 3pxの位置にもう1つの円を配置しました。

```
background-position: 0 0, 3px 3px;
```

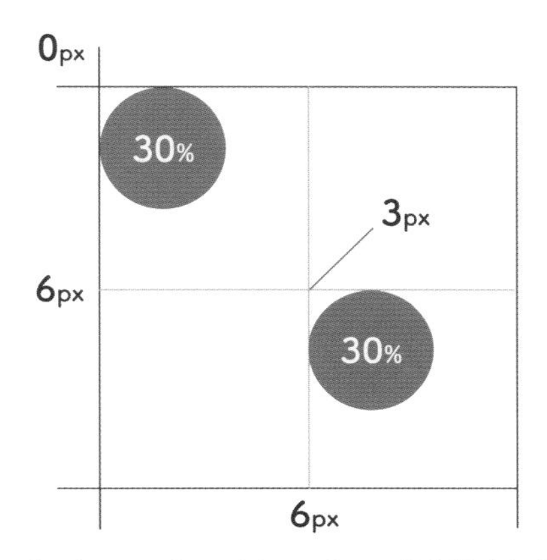

background-positionで2つの値を指定した例

また、background-repeatの初期値がrepeatなので、未指定にすると下図の状態が繰り返し表示されます。

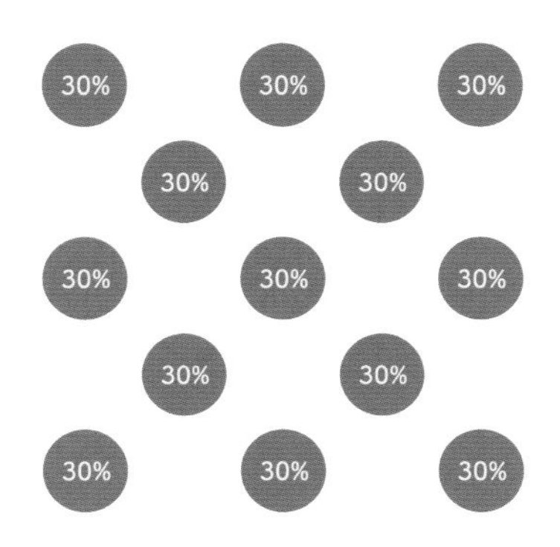

余白が統一された密度の高いドット背景になる

これでサンプルのように密度の濃いドット背景が作成できます。
ドット（円）や余白のサイズを調整することで見た目の異なるドット背景を作れるので、デザインに合わせて数値を変更してください。

次ページへ

9-3 写真フィルター

写真の上にテキストをのせるときに写真にフィルターを実装することでテキストの視認性が高くなります。ここではfilterを使った実装方法を紹介します。

blur（ブラー）

blurは写真にぼかしをかけるときに使います。値を変えることでぼかし具合を変更できます。

コード

HTML

```
<img src="picture.jpg" alt="女性2人がカフェを楽しんでいる写真">
```

CSS

```
img {
  filter: blur(2px);
}
```

grayscale（グレースケール）

grayscaleは写真をモノクロにすることができます。値を変えることでグレースケールのかかり具合を変更できます。

コード

HTML

```
<img src="picture.jpg" alt="女性2人がカフェを楽しんでいる写真">
```

CSS

```
img {
   filter: grayscale(100%);
}
```

sepia（セピア）

sepiaは写真をセピアにすることができます。値を変えることでセピアのかかり具合を変更できます。

コード

HTML

```
<img src="picture.jpg" alt="女性2人がカフェを楽しんでいる写真">
```

CSS

```
img {
   filter: sepia(100%);
}
```

複数値を指定

filterには複数の値を合わせて適用することができます。値に合わせてfilterのかかり具合を調整できます。

コード

CSS

```css
img {
   filter: blur(2px) grayscale(100%);
}
```

注意点

filterプロパティは値の指定を間違うと写真の魅力が損なわれる場合があるので、適切な調整が必要となります。

ぼかし（ブラー）

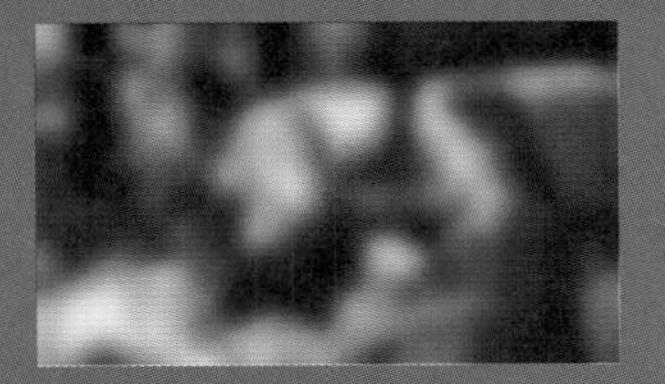

filter: blur(10px)を適用すると何の写真なのか分からなくなる

グレースケール

filter: grayscale(50%)を適用すると色が抜けた状態になる

セピア

filter: sepia(50%)を適用すると画質が劣化した見た目になってしまう

10 画像の形状を変える

ポイント

- ✔ やわらかい印象を与えられる
- ✔ border-radius1行だけで実装できる

コード

HTML
```
<img src="picture.jpg" alt="カフェで女性が横を向いている写真">
```

CSS
```
img {
   border-radius: 30% 70% 70% 30% / 30% 30% 70% 70%;
}
```

解説

要素に柔らかい印象を与えることができるborder-radiusを工夫したデザイン。画像の形状を変えることでサイト全体の印象を統一させられます。個性的で丸みのある形状にする実装方法を紹介します。

まず、よく見かけるborder-radiusの例からコード詳細について解説していきます。

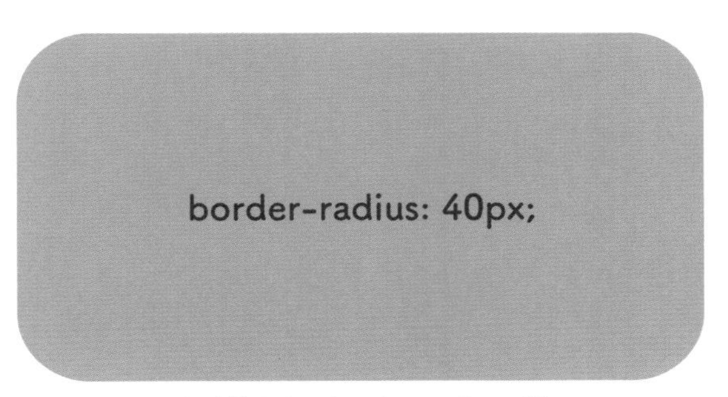

よく使われるborder-radiusの例

border-radiusに1つの値を記述して一括で角丸を施せます。こちらはショートハンドで記述しているため、分解することができます。

- border-top-left-radius: 40px;
- border-top-right-radius: 40px;
- border-bottom-right-radius: 40px;
- border-bottom-left-radius: 40px;

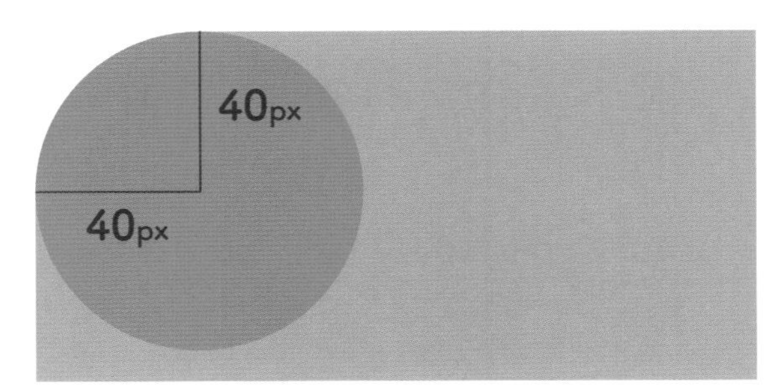

border-top-left-radius: 40pxを指定

border-top-left-radius: 40pxは図のように半径40pxの円サイズで実装されていて、頂点ごとに指定できます。

次ページへ

前ページより

この値はさらに分解することができます。

- border-top-left-radius: 40px 20px;
- border-top-right-radius: 40px 20px;
- border-bottom-right-radius: 40px 20px;
- border-bottom-left-radius: 40px 20px;

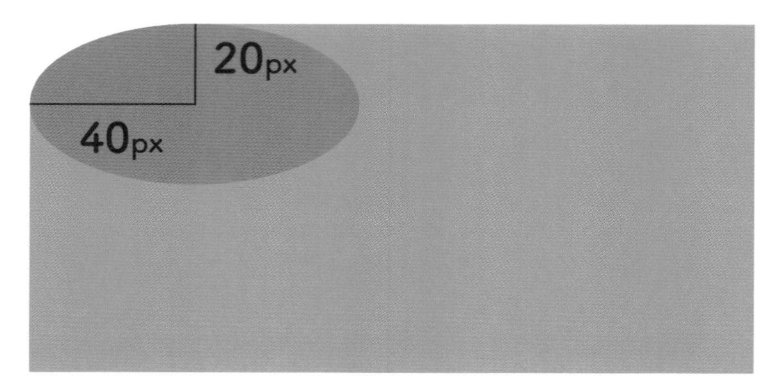

border-top-left-radiusをさらに分解して値を指定すると
角丸の形を歪ませることができる

上図ではわかりやすいように、40pxだけではなく20pxの箇所をつくりました。円の横軸（X軸）を先に、縦軸（Y軸）を後に記述することで角丸の形を変えられます。

この横軸と縦軸の値をショートハンドで記述する例を紹介します。

border-radius: 40px 40px 40px 40px / 20px 20px 20px 20px;

横軸の値　縦軸の値

これを利用して、個性的な丸みのある形状に変化させています。

値がpxのとき、画像サイズが変更になるとborder-radiusの値も合わせて変更が必要になるので手間がかかります。値を％単位にすることで画像サイズが変化しても対応できるので、％指定を選んだほうがサイト内で使い回ししやすくなります。

```
border-radius: 30% 70% 70% 30% / 30% 30% 70% 70%;
```

border-top-left-radiusのX軸とY軸を詳細に指定するとユニークな形状になる

また、これを意図した形に調整するのは難しいので、ジェネレーターの利用をおすすめします。ジェネレーターは、直感的に操作できて使いやすい。

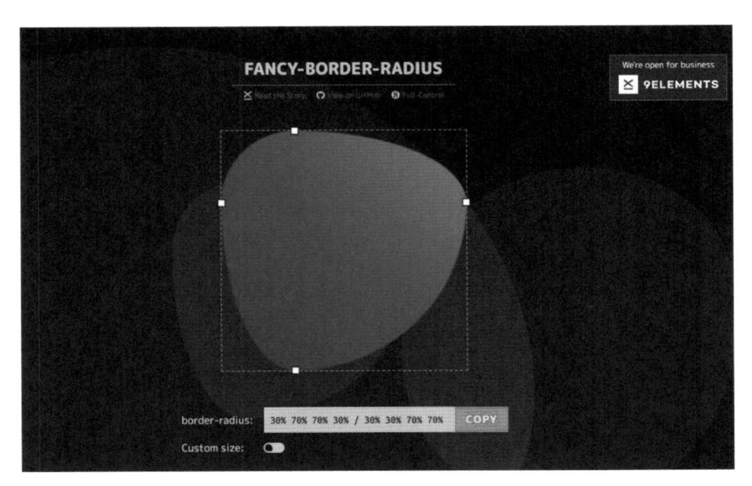

Fancy Border Radius Generator　https://9elements.github.io/fancy-border-radius/

11 画像をテキストのかたちにクリッピング

ポイント

- ☑ インパクトのあるテキストを実装できる
- ☑ サイトを象徴する単語を使って魅せると効果的

コード

HTML

```
<div class="backgroundclip">Coffee</div>
```

CSS

```
.backgroundclip {
   background-clip: text; /*background-clipの対象をテキストにする*/
   -webkit-background-clip: text; /*background-clipの対象をテキストに
する（Firefox以外のモダンブラウザ対応*/
   background-image: url(picture.jpg); /*クリッピングさせる背景写真*/
   background-repeat: no-repeat;
   background-size: cover;
```

```
  color: rgba(0 0 0 / 0); /*テキストカラーを透明にする*/
  font-size: 200px;
  font-weight: 700;
  text-transform: uppercase; /*テキストを大文字にする*/
}
```

解説

Photoshopで使われるクリッピングマスク、これをCSSで実装するテクニック。メインビジュアルの英字テキストをユニークにデザインしたいときに使える方法です。

background-clip: textを適用することで、background-imageで指定した画像をテキストの形でクリッピングできます。

クリッピングの対象にするテキスト

COFFEE

クリッピング対象のテキストと画像を用意する

クリッピングする画像

テキストの形に合わせて画像を切り取る（クリッピング）

このままではテキストの形にクリップしただけで画像が見えない状態なので、color: rgba(0 0 0 / 0)とテキストカラーを透明にすることで、画像がテキストの形で表示されます。

注意点

また、background-clip: textに完全対応しているブラウザは2022年1月現在でFirefoxのみなので、ベンダープレフィックス（-webkit-）の記述が必要です。

コラム「WebPに変換して対応する」

Googleが開発しているオープンな静止画像フォーマットWebP（ウェッピー）は、ファイルサイズが非可逆圧縮モードでJPGと比較して25〜34%、可逆圧縮モードでPNGと比較して28%ほど小さくなります。モバイルファーストの観点から是非とも取り入れたい画像フォーマットです。

画像をWebPに変換する

画像をWebPに変換するにはWebツールが便利です。

●Webツール

・Squoosh

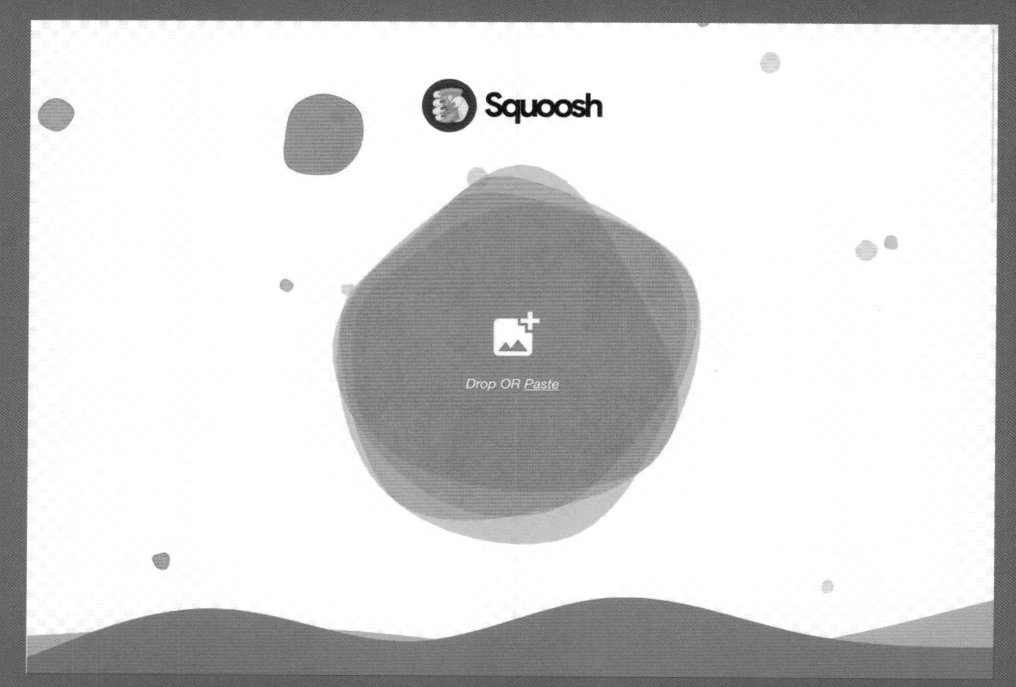

https://squoosh.app/

画像をサイト上にドラッグ＆ドロップして設定すればWebP形式に変換されます。

・Syncer – WEBP変換ツール

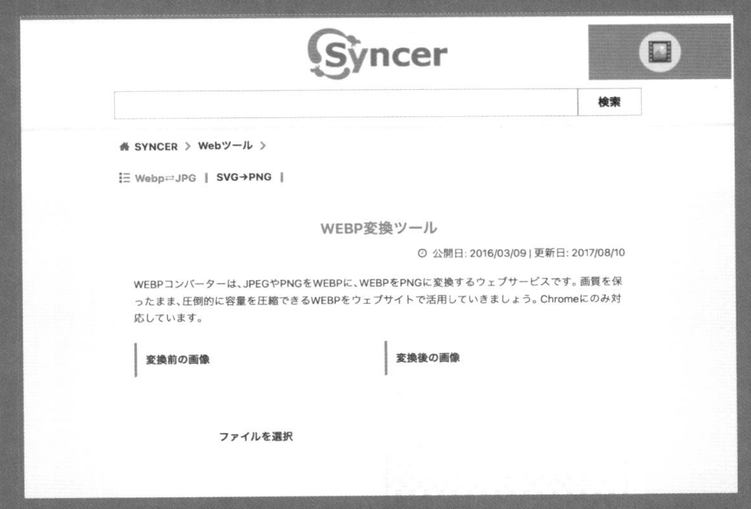

https://lab.syncer.jp/Tool/Webp-Converter/

画像をドラッグ＆ドロップするだけでWebP形式に変換することができます。

WebP形式に自動で変換できるWordPressプラグイン

WordPressを利用しているのであれば、WordPressプラグインでWebP形式に変換させられます。

・WebP Express

https://ja.wordpress.org/plugins/webp-express/

→ 次ページへ

前ページより

プラグインをインストール後、管理画面のメニュー「設定」→「WebP Express」から設定します。

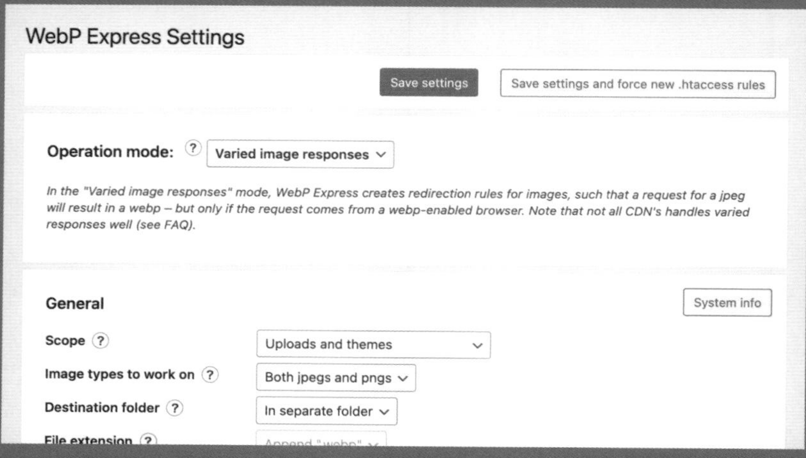

Operation modeでVaried image responsesを選択

Operation modeで「Varied image responses」を選択します。

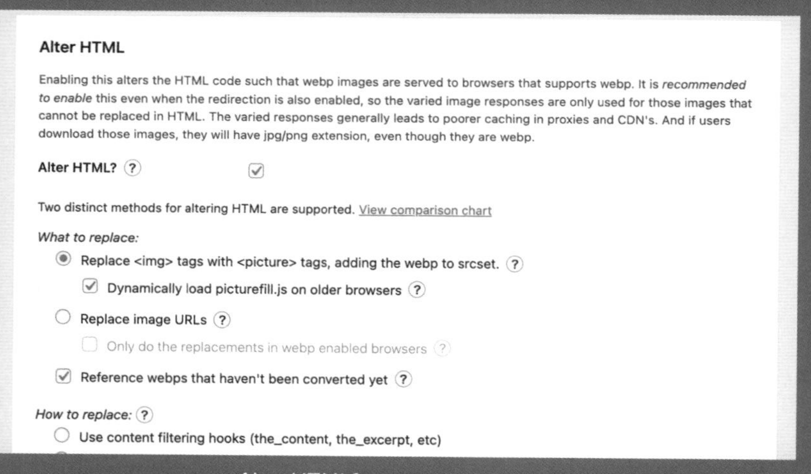

Alter HTML?にチェックを入れる

Alter HTML?にチェックを入れると「Replace <img> tags with <picture> tags, adding the webp to srcset.」が適用されます。これにより、WebPに対応したブラウザであればWebP形式で表示され、非対応ブラウザであれば元の画像形式で表示されるようになります。

WebP変換用Photoshopプラグイン

執筆時点（2022年1月）で画像編集ソフトのデフォルト状態からWebP形式に書き出せないのですが、Photoshopプラグインを追加することでWebP形式のファイルに保存できます。

「WebPShop」プラグインをインストールすると『別名で保存』の際にWebP形式で保存が可能です。

・WebPShop

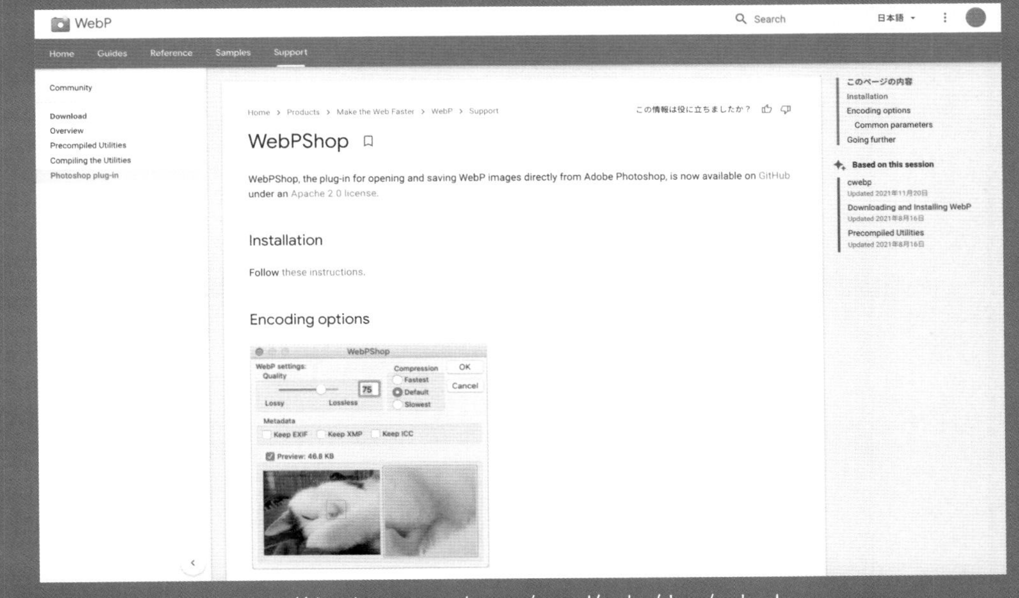

https://developers.google.com/speed/webp/docs/webpshop

次ページへ

前ページより

WebP画像用にHTMLマークアップする

WebP形式に変換した画像を表示させるため、HTMLでマークアップしていきます。Safariでは Big Sur以降、iOS版Safariでは14以降でないと対応していないため、pictureタグを使用して出し分けます。

コード

HTML
```html
<picture>
   <source type="image/webp" srcset="image.webp">
   <img src="image.jpg" alt="">
</picture>
```

sourceタグ内のsrcsetでWebP画像を表示、対応していないブラウザではimgタグが表示されます。

WordPressの場合、先述したWordPressプラグイン「WebP Express」を使用すれば出し分けするHTMLタグが自動で記述されるので便利です。

Chapter

2

見出しやテキストの装飾

セクションを区切る見出し、伝えたいメッセージを強調するテキスト。Webコンテンツの中で重要な文字を装飾する方法を紹介します。

1 見出し

1-1 2色の線を重ねた見出し - 疑似要素

採用情報について

ポイント

- ✓ コーポレートサイトや医療系サイトによく使われている見出しデザイン
- ✓ 見出しをシンプルに目立たせられる
- ✓ 疑似要素を使うことで色の付いた線の幅を固定させ、かんたんに調整できる

コード

HTML

```
<h2 class="heading">採用情報について</h2>
```

CSS

```
.heading {
   position: relative; /*疑似要素の基準*/
   padding-bottom: 24px;
   width: 100%;
   font-size: 26px;
   border-bottom: 5px solid #c7c7c7;
```

```
}
.heading::after { /*黄色の線を疑似要素で表現*/
   content: '';
   position: absolute;
   top: 100%; /*上から100%の位置に配置*/
   left: 0;
   width: 70px;
   height: 5px;
   background-color: #e5c046;
}
```

解説

シンプルな見出しとしてよく使われるデザイン。テーマカラーをアクセントにして利用すると全体に統一感が出るとともに、視認性をアップさせられます。

position: relativeで黄色の線の基準を決め、padding-bottom: 24pxでテキストと線の余白を指定します。

黄色の線の基準と、テキストと線の間の余白指定

線は2本用意します。.headingにborder-bottom: 5px solid #c7c7c7でグレーの線を引き、width: 70pxとheight: 5px、background-color: #e5c046の疑似要素で黄色の線を作成します。

グレーの線は、そのまま.headingの基準に合わせて下部に配置されます。黄色の線の疑似要素はposition: absoluteを指定し、top: 100%とleft: 0で配置します。

1-2　2色の線を重ねた見出し - linear-gradient

採用情報について

ポイント

- テキストメインのコンテンツ区切りとしてよく使われている見出しデザイン
- 疑似要素を使わず、backgroundで実装することでコード短縮化が図れる

コード

HTML

```
<h2 class="heading">採用情報について</h2>
```

CSS

```
.heading {
   padding-bottom: 29px;
   width: 100%;
   font-size: 26px;
   text-align: center;
   background-image: linear-gradient(
      90deg, /*90°回転*/
      #c7c7c7 0%, #c7c7c7 45%, /*線のグレー部分を指定*/
      #e5c046 45%, #e5c046 55%, /*線の黄色部分を指定*/
      #c7c7c7 55%, #c7c7c7 100% /*線のグレー部分を指定*/
   );
   background-size: 100% 5px; /*線の横と縦のサイズ指定*/
```

```
    background-repeat: no-repeat;
    background-position: center bottom; /*背景を中央下基準に指定*/
}
```

解説

シンプルなビジネスサイトで使える2色の線を使った見出しデザイン。前項ではborderと疑似要素で2色の線を表現しましたが、backgroundを使用してコード短縮化を図る実装方法を紹介します。

線形グラデーションlinear-gradientを使用します。linear-gradientのグラデーションは上から下へ進むので、90degでグラデーションの方向を左から右に変更します。

グレー（#c7c7c7)の線を開始位置0%から45%、55%から100%の位置に指定します。黄色(#e5c046) の線を45%から55%に指定することで黄色の線を中央に配置できるようになります。

```
background-image: linear-gradient(
    90deg,
    #c7c7c7 0%, #c7c7c7 45%,
    #e5c046 45%, #e5c046 55%,
    #c7c7c7 55%, #c7c7c7 100%
 );
```

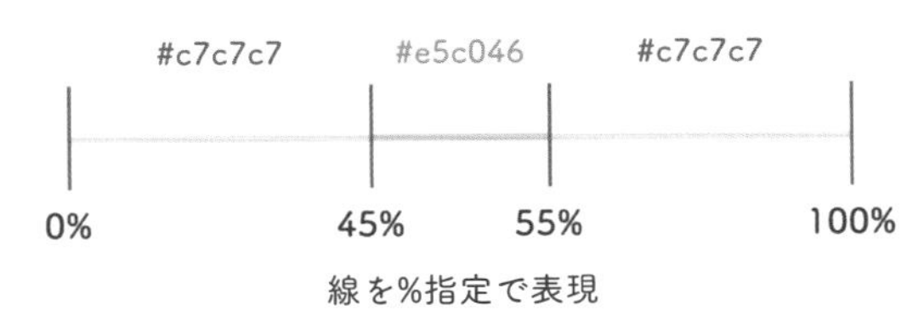

線を%指定で表現

background-size: 100% 5pxとbackgroundを横サイズ100%・縦サイズ5pxに指定することで5px幅の線になります。

background-repeat: no-repeatで要素内全体にリピート配置されてしまうのを防ぎ、background-position: center bottomで要素内の下部中央寄せで配置させています。

1-3　左右に線を配置した見出し

— 採用情報について —

ポイント

- ✓ 2本の線を利用したシンプルな見出しデザイン
- ✓ position: absoluteではなくFlexboxを利用してコード短縮化が図れる
- ✓ レスポンシブ対応しているが、テキストが長くなると崩れる可能性があるので気をつけたい

コード

HTML

```
<h2 class="heading">採用情報について</h2>
```

CSS

```
.heading {
  display: flex; /*テキストと2本の線を横並びさせる指定*/
  justify-content: center; /*テキストと2本の線を左右中央配置*/
  align-items: center; /*テキストと2本の線を上下中央配置*/
  font-size: 32px;
}

.heading::before,
.heading::after {
  content: '';
  width: 70px;
  height: 3px;
```

```
  background-color: #e5c046;
}

.heading::before {
  margin-right: 30px; /*テキストと線の間の余白*/
}

.heading::after {
  margin-left: 30px; /*テキストと線の間の余白*/
}
```

解説

項目ごと区切りとして中央配置する見出しに使われる左右に線を施した見出しデザイン。これをflexboxで実装することで、コード短縮化を図ります。

疑似要素::beforeと::afterで左右の線を表現。ここではborderではなく、backgroundで表現しています。

display: flexでテキストと疑似要素の2つを横並びにし、justify-content: centerとalign-items: centerで上下左右中央配置にしています。

採用情報について

Flexboxで上下左右中央配置にする

左の疑似要素（::before）にmargin-right: 30px、右の疑似要素（::after）にmargin-left: 30pxと、それぞれにmarginを指定することでテキストとの間に余白を設けています。

1-4　吹き出しの見出し

採用情報について

ポイント

- ✓ 強調させたいコンテンツの見出しとしておすすめ
- ✓ Flexboxを利用してかんたんに実装

コード

HTML
```
<h2 class="heading">採用情報について</h2>
```

CSS
```
.heading {
   display: flex; /*テキストと2本の線を横並びさせる指定*/
   justify-content: center; /*テキストと2本の線を左右中央配置*/
   align-items: center; /*テキストと2本の線を上下中央配置*/
   font-size: 32px;
}

.heading::before,
.heading::after {
   content: '';
   width: 3px;
   height: 40px;
```

```
    background-color: #e5c046;
}

.heading::before {
    margin-right: 30px;
    transform: rotate(-35deg); /*線を-35°回転させる*/
}

.heading::after {
    margin-left: 30px;
    transform: rotate(35deg); /*線を35°回転させる*/
}
```

解説

注釈コンテンツの見出しなど、さりげなく目立たせたいコンテンツに使えるデザイン。前項で紹介した左右に線を配置した見出しデザインのコードを流用し、線を斜めに回転させることで吹き出しのように見せています。

テキストと疑似要素で表現した2本の線をdisplay: flexで横並びにし、justify-content: centerとalign-items: centerで上下左右中央配置にしています。テキストと疑似要素間の余白はそれぞれの間にmarginで指定します。

採用情報について

テキストの左右に擬似要素で2本の縦線を表現し、テキストと線の余白をmarginで指定

今回は縦線で実装しました。縦線か横線かは回転させる角度で決めています。もう少し寝かせたデザインの場合には横線で用意すると調整しやすくなります。

左の線を表現した疑似要素（::before）にはtransform: rotate(-35deg)、右の線を表現した疑似要素（::after）にはtransform: rotate(35deg)を指定して、それぞれの要素を回転させて吹き出し風のデザインが完成です。

1-5　手書き風英字を背景にした見出し

ポイント

- インパクトのある見出しデザインにできる
- paddingで英字要素を配置するスペースをつくっているので余白調整がしやすい

コード

HTML

```
<h2 class="heading" data-en="Recruit"><span>採用情報について</span></h2>
```

CSS

```
.heading {
   position: relative; /*英字テキストの配置基準*/
   padding-top: 50px; /*日本語テキストの上余白*/
   padding-left: 30px; /*日本語テキストの左余白*/
   font-size: 26px;
}

.heading span {
   position: relative; /*z-indexを効かせるために必要*/
   z-index: 0; /*日本語テキストを英字テキストの上に指定*/
}
```

```
.heading::before { /*英字テキストを擬似要素で表現*/
   content: attr(data-en); /*データ属性の読み込み*/
   position: absolute;
   transform: rotate(-5deg); /*英字テキストを斜めに傾ける*/
   top: 0;
   left: 0;
   color: #e5c046;
   font-size: 80px;
   font-weight: 400;
   font-family: 'Mrs Saint Delafield', cursive;
}
```

解説

手書き風フォントの英字を組み合わせた見出しデザイン。今回はGoogle FontsのMrs Saint Delafieldを使用しました。

Google Fonts - Mrs Saint Delafield
https://fonts.google.com/specimen/Mrs+Saint+Delafield

疑似要素::beforeにcontent: attr(data-en)を使って、HTMLに記述したdata-en="Recruit"を読み込んでいます。transform: rotate(-5deg)でテキストを斜めに回転させて動きを出しました。

『採用情報について』のテキストはpaddingを使って配置。

padding-top: 50pxとpadding-left: 30pxで英字を配置するスペースをつくる

図のように、『採用情報について』のテキストの上と左にpadding-top: 50pxとpadding-left: 30pxを指定して余白をつくります。

次ページへ

前ページより

英字の配置はposition: absoluteと、top: 0とleft: 0を指定することで先ほど空けたスペースに配置されます。

重なり具合を変えたい場合には、『採用情報について』のテキストに指定したpadding-top: 50pxとpadding-left: 30pxの値を変更すれば調整可能です。

また、この方法を使うと見出し前後の余白調整が容易になります。

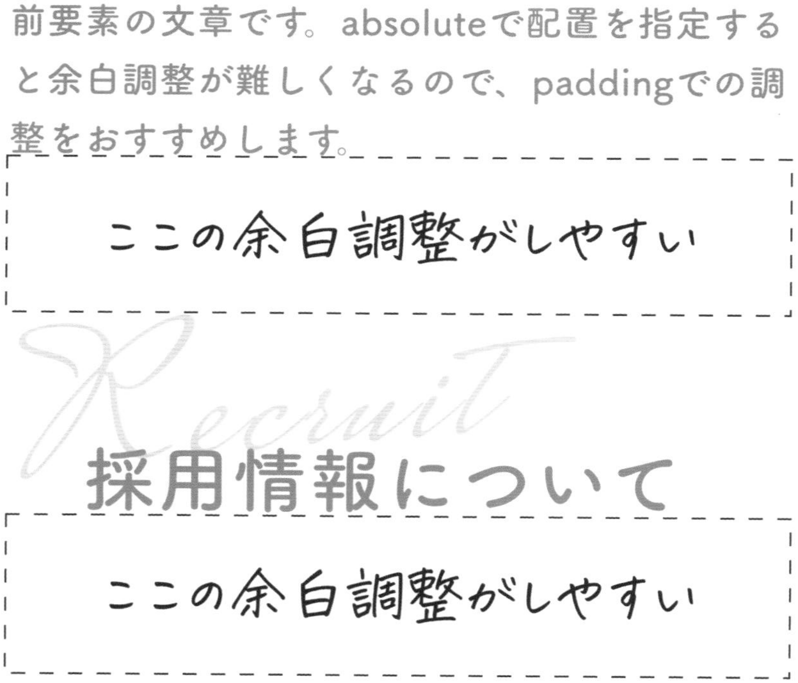

前要素の文章です。absoluteで配置を指定すると余白調整が難しくなるので、paddingでの調整をおすすめします。

ここの余白調整がしやすい

Recruit

採用情報について

ここの余白調整がしやすい

見出し前後の余白調整がしやすい

1-6 英字と線を組み合わせた見出し

英字と線を組み合わせた見出しはシンプルながら視認性が高く、さまざまなタイプのWebサイトに合うので汎用性も高い。スタンダードとして使える見出しデザインを紹介します。

1-6-1 アイコン線と英字

—— Recruit

採用情報について

ポイント

✔ シンプルながら視認性の高い見出しデザイン

コード

HTML

```
<h2 class="heading"><span>Recruit</span>採用情報について</h2>
```

CSS

```
.heading {
   font-size: 26px;
}

.heading span { /*英字テキストの指定*/
   display: flex;
   align-items: center; /*英字テキストと線の上下中央配置*/
   margin-bottom: 10px;
```

→ 次ページへ

前ページより

```
    color: #e5c046;
    font-size: 18px;
    font-style: italic;
    font-family: 'Montserrat', sans-serif;
    text-transform: uppercase; /*英字の大文字表記*/
}

.heading span::before { /*黄色の線を擬似要素で表現*/
    content: '';
    display: inline-block;
    margin-right: 20px;
    width: 40px;
    height: 1px;
    background-color: #e5c046;
}
```

解説

シンプルに線と英字をメインの見出しの上に配置したデザイン。

英字をspanで括り、spanの疑似要素::beforeで線を表現します。span内のテキストと疑似要素の線をdisplay: flexとalign-items: centerで上下中央配置にしています。

align-items: centerで上下中央配置

1-6-2 英字と下線

Recruit

採用情報について

ポイント

- ✔ セクション間の余白を十分にとったレイアウトに合う見出しデザイン
- ✔ シンプルなデザインでまとめたいときに使いたい

コード

HTML

```
<h2 class="heading" data-en="Recruit">採用情報について</h2>
```

CSS

```
.heading {
   position: relative;
   padding-bottom: 30px;
   font-size: 26px;
   text-align: center;
   background-image: linear-gradient( /*線を線形グラデーションで表現*/
      90deg, /*グラデーションの方向を左から右へ*/
      rgba(0 0 0 / 0) 0%, rgba(0 0 0 / 0) 35%, /*線の左側にある透明部分の指定*/
      #e5c046 35%, #e5c046 65%, /*線を表現*/
      rgba(0 0 0 / 0) 65%, rgba(0 0 0 / 0) 100% /*線の右側にある透明部分の指定*/
```

→ 次ページへ

前ページより

```
    );
    background-size: 100% 2px; /*線と透明部分を合わせたサイズを指定*/
    background-repeat: no-repeat;
    background-position: center bottom;
}

.heading::before { /*英字テキストを擬似要素で表現*/
    content: attr(data-en); /*データ属性の読み込み*/
    display: block;
    margin-bottom: 10px;
    color: #e5c046;
    font-size: 20px;
    font-style: italic;
    font-family: 'Montserrat', sans-serif;
    text-transform: uppercase; /*テキストを大文字にする*/
}
```


解説

text-transform: uppercaseで大文字にした英字と、backgroundで下線を表現した見出しデザインの実装方法です。

疑似要素::beforeのcontent: attr(data-en)でHTML側に記述したデータ属性data-en="Recruit"を読み込み、スタイルを施しています。

また、下線はbackground-imageに線形グラデーションlinear-gradientを使用して、透明の線rgba(0 0 0 / 0)と黄色い線を作成。

```
background-image: linear-gradient(
   90deg,
   rgba(0 0 0 / 0) 0%, rgba(0 0 0 / 0) 35%,
   #e5c046 35%, #e5c046 65%,
   rgba(0 0 0 / 0) 65%, rgba(0 0 0 / 0) 100%
 );
```

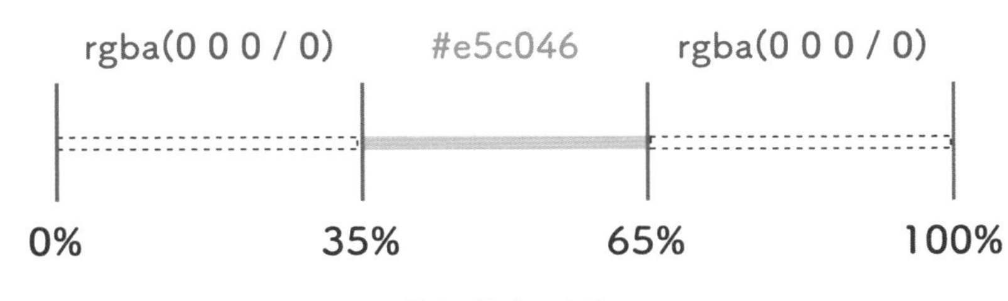

線を%指定で表現

background-size: 100% 2pxでbackgroundのサイズを横100%・縦2pxに指定します。backgroundが要素内でリピートしないように、background-repeat: no-repeatと設定します。background-position: center bottomで下部中央に配置しています。

この方法で実装する黄色い線の横幅は見出し要素の30%になるので、PC表示とスマホ表示で値の変更が必要な場合があります。どのデバイスでも黄色い線の横幅のサイズを固定して表示させたい場合は、疑似要素::afterを利用して線を表現します。

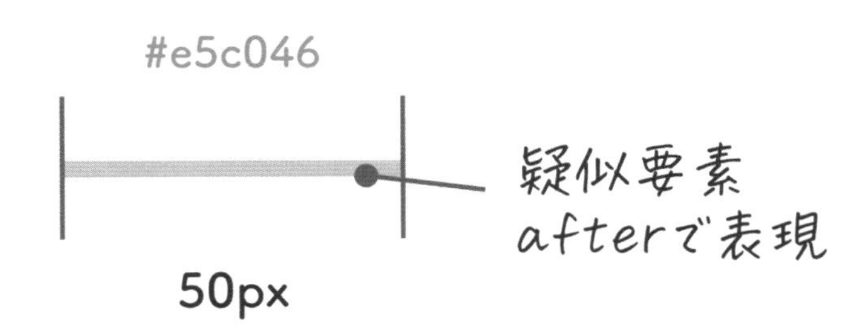

次ページへ

前ページより

コード

CSS
```
.heading {
   position: relative; /*下線の配置基準*/
   padding-bottom: 30px;
   font-size: 26px;
   text-align: center;
}

.heading::before { /*英字を擬似要素で表現*/
   content: attr(data-en); /*データ属性の読み込み*/
   display: block;
   margin-bottom: 10px;
   color: #e5c046;
   font-size: 20px;
   font-style: italic;
   font-family: 'Montserrat', sans-serif;
   text-transform: uppercase;
}

.heading::after { /*線を疑似要素で表現*/
   content: '';
   position: absolute;
   bottom: 0; /*基準の下に配置*/
   left: 50%; /*左右中央配置*/
   transform: translateX(-50%); /*左右中央配置*/
   width: 50px;
   height: 2px;
   background-color: #e5c046;
}
```

1-6-3　半透明英字と斜線

ポイント

- ✔ インパクトをつけながらも半透明にすることで印象を調整できる見出しデザイン
- ✔ 斜線があることで見出し下にあるコンテンツへ誘導できる

コード

HTML

```
<h2 class="heading" data-en="Recruit"><span>採用情報について</span></h2>
```

CSS

```
.heading {
   position: relative; /*疑似要素の基準*/
   padding-top: 65px; /*日本語テキストの上に余白を指定*/
   padding-bottom: 50px; /*日本語テキストの下に余白を指定*/
   font-size: 26px;
   text-align: center;
}
.heading span {
   position: relative; /*z-indexを指定するために必要*/
   z-index: 2; /*英字テキストの上の階層に配置*/
}
.heading::before { /*英字テキストを擬似要素で表現*/
```

→ 次ページへ

前ページより

```
    content: attr(data-en); /*データ属性の読み込み*/
    position: absolute;
    top: 0; /*基準の上側に配置*/
    left: 50%; /*左右中央配置*/
    transform: translateX(-50%); /*左右中央配置*/
    color: rgba(229 192 70 / .3); /*半透明のテキストカラーを指定*/
    font-size: 80px;
    font-style: italic;
    font-family: 'Montserrat', sans-serif;
    z-index: 1;
}
.heading::after { /*斜線を擬似要素で表現*/
    content: '';
    position: absolute;
    bottom: 0; /*基準の下側に配置*/
    left: 50%; /*左右中央配置*/
    transform: translate(-50%) rotate(30deg); /*左右中央配置と30°回転の
指定*/
    width: 1px;
    height: 40px;
    background-color: #e5c046;
}
```

解説

フォントサイズを大きくすると強いイメージがつきますが、半透明にすることでほどよいインパクトを出せる見出しデザイン。

padding-top: 65pxとpadding-bottom: 50pxで要素内に上下の余白をとり、半透明の英字と斜線を配置しています。これにより半透明の英字と斜線の配置がしやすくなるとともに、前後の要素との余白もとりやすくなります。

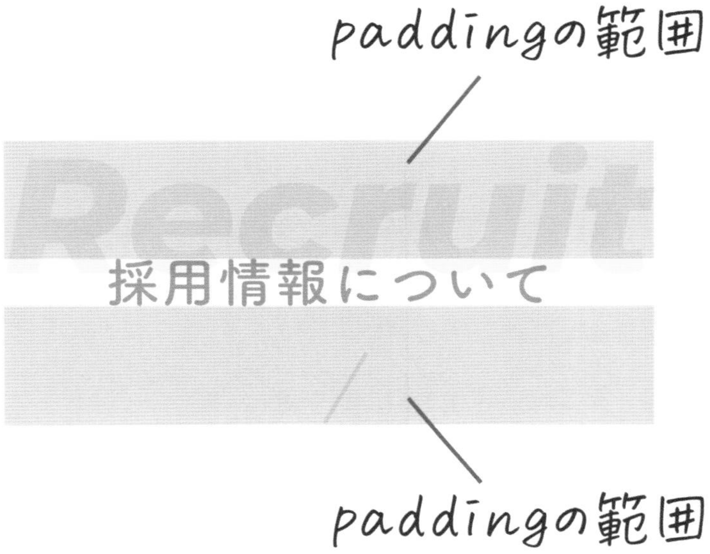

paddingの範囲

Recruit

採用情報について

paddingの範囲

日本語テキストの上下にpaddingで余白をつくり、
英字テキストや斜線の位置を調整

半透明の英字は、疑似要素::beforeにcontent: attr(data-en)でHTML側で記述したデータ属性の『Recruit』を読み込み、スタイリングできるようにしています。

position: absoluteとtop: 0で要素内の上部に、left: 50%、transform: translateX(-50%)で左右中央に配置されるように指定します。

また、斜線は疑似要素::afterで、position: absoluteとbottom: 0で要素内の下部に、left: 50%、transform: translateX(-50%)で左右中央に配置されるように指定します。transform: rotate(30deg)で30°回転させて斜めに傾けています。

また、英字の上に日本語のテキストがのるようにし、日本語テキストにspanを追加してz-indexで重なり順を指定します。z-indexをなしにすると疑似要素の英字が上に重なるので、デザインに合わせて指定してください。

1-7　数字と線を組み合わせた見出し

1ページ内で流れを表すコンテンツを掲載させるときには、見出しに数字をつけるデザインが必要になります。そんなときに使えるデザイン表現を紹介します。

1-7-1　数字と縦線

01

採用情報について

ポイント

- ✔ 十分な余白をとることでゆとりのある印象、スタイリッシュな印象を与えられる
- ✔ 数字が目立つので流れを表すにはピッタリの見出しデザイン

コード

HTML

```html
<h2 class="heading" data-number="01">採用情報について</h2>
```

CSS

```css
.heading {
   position: relative; /*疑似要素の基準*/
   font-size: 26px;
   text-align: center;
   line-height: 1;
}

.heading::before { /*数字を擬似要素で表現*/
```

```
    content: attr(data-number); /*データ属性の読み込み*/
    display: block;
    margin-bottom: 50px;
    color: #e5c046;
    font-size: 30px;
}

.heading::after { /*線を擬似要素で表現*/
    content: '';
    position: absolute;
    top: 45px;
    left: 50%; /*左右中央配置*/
    transform: translateX(-50%); /*左右中央配置*/
    width: 1px;
    height: 20px;
    background-color: #e5c046;
}
```

解説

大胆に余白をとったゆとりを感じる見出しデザイン。疑似要素::beforeと::afterで数字と線を表現します。

疑似要素::beforeにはcontent: attr(data-number)でHTML側に記述したデータ属性で指定した『01』を読み込み、表示させせます。margin-bottom: 50pxの値は数字の下に配置する黄色の線と余白を含めたものを指定しておきます。

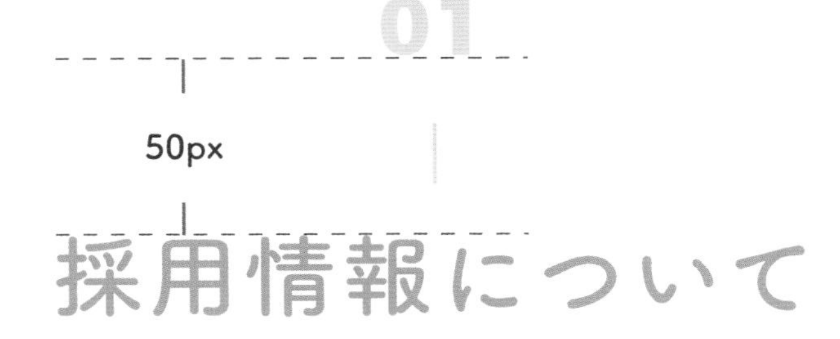

黄色の線を含めた余白を指定

次ページへ

前ページより

疑似要素::afterで作成した黄色の線には、position: absoluteとleft: 50%、transform: translateX(-50%)で左右中央配置にし、top: 45pxで数字の上側にある親要素を基準とした縦位置を指定。数字下の余白中央にバランスを調整しながら配置します。もしコードの値を変更したいときは、top: 45pxの値を変更して調整してください。

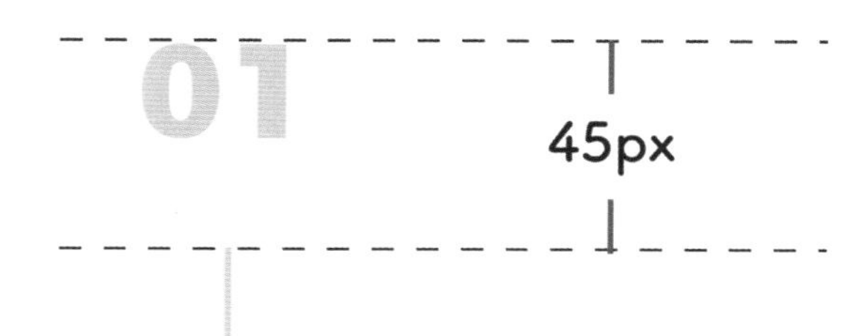

top: 45pxの値を変更することで縦位置を変更できる

1-7-2 数字と上線

01

採用情報について

ポイント

- ✓ 区切りが明確にわかるだけでなく、順番を意識させる見出しデザイン
- ✓ 上線をbackgroundで表現することでコード短縮化を図れる

コード

HTML

```html
<h2 class="heading" data-number="01">採用情報について</h2>
```

CSS

```css
.heading {
   position: relative; /*疑似要素の基準*/
   padding-top: 10px;
   font-size: 26px;
   background-image: linear-gradient( /*線形グラデーション*/
      90deg, /*90°回転させてグラデーションを左から右へ*/
      #e5c046 0%, #e5c046 30%, /*線の色指定*/
      rgba(0 0 0 / 0) 30%, rgba(0 0 0 / 0) 100% /*透明部分の指定*/
   );
   background-size: 100% 1px; /*線の横と縦のサイズ指定*/
   background-repeat: no-repeat;
   background-position: left top;
```

次ページへ

前ページより

```
}

.heading::before { /*数字を擬似要素で表現*/
   content: attr(data-number); /*データ属性の読み込み*/
   display: block;
   margin-bottom: 20px;
   color: #e5c046;
   font-size: 26px;
   font-weight: 800;
}
```

解説

上部に配置した黄色い線を今回はbackgroundで表現しています。線形グラデーションlinear-gradientのデフォルトでは上から下へ向けてグラデーションするようになるので、90degで左から右へ変化するように指定します。

#e5c046 0%, #e5c046 30%で0%（要素左側の基準から）から30%の位置まで黄色い線を表現し、rgba(0 0 0 / 0) 30%, rgba(0 0 0 / 0) 100%で30%から100%の位置まで透明になるように指定しています。

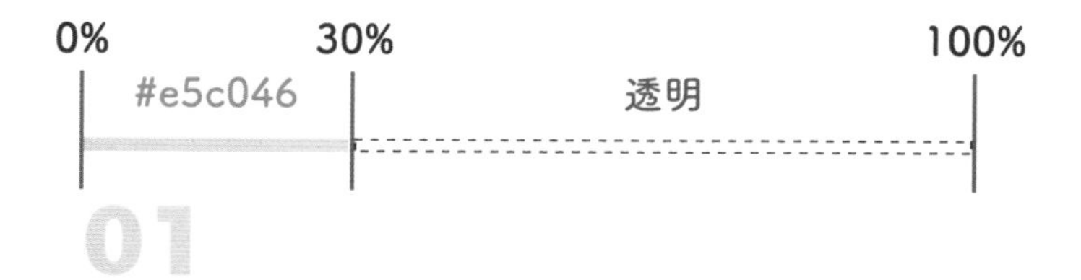

黄色の線を横幅全体の30%のサイズで指定

background-size: 100% 1pxで横100%、縦1pxのサイズに指定、background-repeat: no-repeatで背景のリピートを解除、background-position: left topで要素内の左上を基準にしています。

数字は疑似要素::beforeでHTML側に記述したデータ属性からcontent: attr(data-number)で取得し、スタイリングしています。

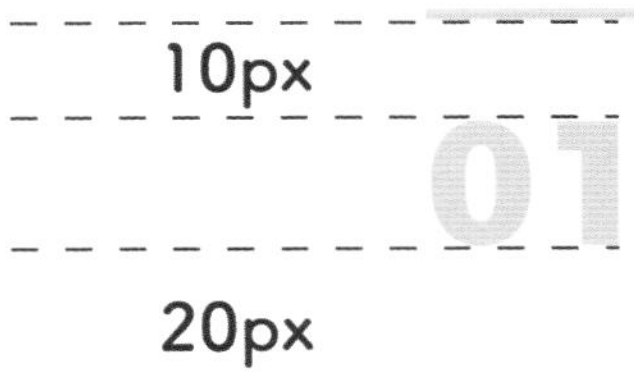

marginやpaddingで余白指定

余白は親要素にheading { padding-top: 10px }、疑似要素に.heading::before { margin-bottom: 20px }をそれぞれ指定しています。

注意点

黄色の線の横幅を横全体の30%に指定しているため、画面サイズによっては意図しないサイズになる場合があります。固定幅で指定したい場合には、.headingで指定したbackground関連のコードをすべて削除し、次のコードを追加します。

コード

```
.heading::after {
   content: '';
   position: absolute;
   top: 0;
   left: 0;
   width: 70px; /*黄色の線の横幅を指定*/
   height: 1px;
   background-color: #e5c046
}
```

1-7-3 数字と下線

01 採用情報について

ポイント

- ✓ 数字と下線を使ったシンプルな見出しデザイン
- ✓ 複数行になった場合にも対応できる

コード

HTML

```
<h2 class="heading" data-number="01">採用情報について</h2>
```

CSS

```
.heading {
   position: relative; /*疑似要素の基準*/
   padding-left: 2em; /*日本語テキストの左余白指定*/
   font-size: 26px;
}

.heading::before { /*数字と下線を擬似要素で表現*/
   content: attr(data-number); /*データ属性の読み込み*/
   position: absolute;
   top: 0;
   left: 0;
   padding-bottom: 5px;
```

```
  color: #e5c046;
  font-size: 26px;
  font-weight: 800;
  border-bottom: 1px solid #e5c046;
}
```


解説

見出しテキストと下線のついた数字を横並びにするデザイン。このデザインで気をつけたいことは2行目の処理です。テキストが長くなったとき、PCで表示すると1行でも、スマホで表示すると複数行になるときは、2行目の開始位置を決めておいた方がいいでしょう。

今回は、2行目の開始位置をテキストと同じ位置にするため、.heading { padding-left:2em }で余白を開けておきます。

padding-leftで数字と下線のスペースをあけ、見出しが複数行になってもきれいに表示される

数字と下線を疑似要素でposition:absoluteを指定し、top: 0とleft: 0で要素の左上に配置しました。

要素の左上に配置

1-7-4　半透明数字と下線

ポイント

- ✓ 数字を半透明にすることで印象の調整ができる見出しデザイン
- ✓ 数字フォントによっても印象を変えられる

コード

HTML

```
<h2 class="heading" data-number="01"><span>採用情報について</span></h2>
```

CSS

```
.heading {
   position: relative; /*疑似要素の基準*/
   padding: 1em;
   font-size: 26px;
   border-bottom: 2px solid #e5c046;
}

.heading span {
   position: relative; /*z-indexを効かせるために必要*/
   z-index: 2; /*日本語テキストの重なり指定*/
}
```

```
.heading::before { /*数字テキストを擬似要素で表現*/
   content: attr(data-number); /*データ属性の読み込み*/
   position: absolute;
   top: 0;
   left: 0;
   color: rgba(229 192 70 / .4); /*半透明のテキスト色指定*/
   font-size: 54px;
   font-weight: 800;
   z-index: 1;
}
```

解説

数字を半透明にすることでさりげなさがありつつ、インパクトをつけられる見出しデザイン。

まず『採用情報について』の周りにpadding: 1emで余白をあけます。これにより背景にする半透明数字をずらして表示させるとともに、下線と『採用情報について』テキストとの間にスペースを空けられます。

paddingで余白を空けて見出しテキストと下線、数字のバランスを調整している

数字は疑似要素::beforeのcontent: attr(data-number)でHTML側に記述したデータ属性を読み込み、スタイリングします。position: absoluteを指定し、top: 0とleft: 0で要素内の左上に配置しています。

1-8　シンプルなあしらいを施した見出し

近年の見出し装飾は、シンプルで視認性の高いものが採用される傾向があります。ここではCSSだけで表現できるあしらいの作り方を紹介します。

1-8-1　斜線の仕切りをつけた見出し

採用情報について

ポイント

- ✓ 汎用性の高いかわいい見出しデザイン
- ✓ 疑似要素を使わずにbackgroundで表現することでコード短縮化を図れる

コード

HTML

```
<h2 class="heading">採用情報について</h2>
```

CSS

```
.heading {
   padding: 0 2em 20px;
   font-size: 26px;
   background-image: repeating-linear-gradient( /*線形グラデーション*/
      -45deg, /*斜線にするために-45°回転させる*/
      #e5c046 0px, #e5c046 2px, /*線の色と幅を指定*/
      rgba(0 0 0 / 0) 0%, rgba(0 0 0 / 0) 50% /*線間の余白指定*/
   );
```

```
  background-size: 8px 8px; /*線形グラデーションを指定したbackgroundのサイズ*/
  background-repeat: repeat-x; /*背景の繰り返し指定*/
  background-position: center bottom;
}
```

解説

斜線を使った汎用性の高い見出しデザイン。疑似要素を使わず、backgroundで実装します。

background-imageに反復線形グラデーションrepeating-linear-gradientを利用して斜線を表現します。repeating-linear-gradientのデフォルトは上から下へグラデーションする仕様なので、-45degで斜めに回転させます。

#e5c046 0px, #e5c046 2pxで黄色い線、rgba(0 0 0 / 0) 0%, rgba(0 0 0 / 0) 50%で透明部分を表現。background-size: 8px 8pxで背景のサイズを指定し、背景のリピートをX軸方向にリピートさせるためにbackground-repeat: repeat-x、リピートさせた斜線背景を下中央位置に配置させるためにbackground-position: center bottomを指定します。

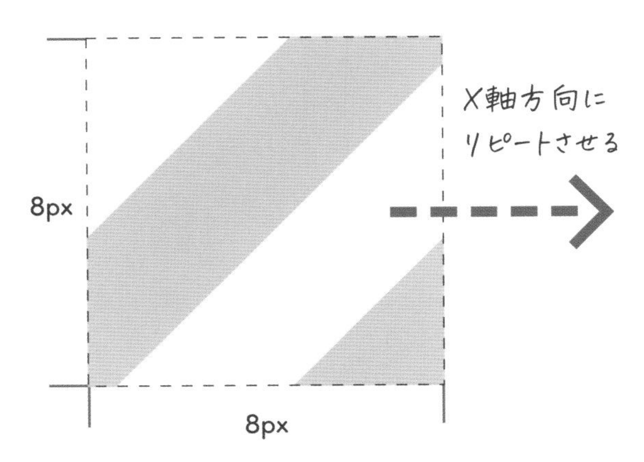

このbackgroundをX軸方向にリピートさせて斜線を表現

テキストと斜線の間の余白はpaddingで調整しています。

1-8-2　網掛け線の仕切りをつけた見出し

採用情報について

×××××××××××××××××××××××××××××××××××

ポイント

- ✓ シンプルながらポップな印象を与えられる見出しデザイン
- ✓ 疑似要素を使わずにbackgroundで表現することでコード短縮化を図れる

Web Design Idea Recipe

コード

HTML

```
<h2 class="heading">採用情報について</h2>
```

CSS

```
.heading {
   padding: 0 2em 20px;
   font-size: 26px;
   background-image:
      repeating-linear-gradient( /*反復線形グラデーション*/
         45deg, /*斜線にするために45°回転させる*/
         #e5c046 0px, #e5c046 1px, /*線の色と幅を指定*/
         rgba(0 0 0 / 0) 0%, rgba(0 0 0 / 0) 50% /*線間の余白指定*/
      ),
      repeating-linear-gradient( /*反復線形グラデーション*/
         -45deg, /*斜線にするために-45°回転させる*/
         #e5c046 0px, #e5c046 1px, /*線の色と幅を指定*/
```

```
        rgba(0 0 0 / 0) 0%, rgba(0 0 0 / 0) 50% /*線間の余白指定*/
      );
    background-size: 8px 8px; /*線形グラデーションを指定したbackgroundのサイズ*/
    background-repeat: repeat-x; /*背景の繰り返し指定*/
    background-position: center bottom;
}
```

解説

網を編んだような網掛け線をあしらいとして使った見出しデザイン。前項の『斜線のあしらいをつけた見出し』の斜線に反対側からも斜線を追加するかたちで実装していきます。

背景の追加方法は、background-image内にrepeating-linear-gradientを追加し、回転の角度を変えるだけです。repeating-linear-gradientごとにコンマ(,)で区切ることで実装できます。

```
repeating-linear-gradient(
    45deg,
    #e5c046 0px, #e5c046 1px,
    rgba(0 0 0 / 0) 0%, rgba(0 0 0 / 0) 50%
), /*コンマで区切ってrepeating-linear-gradientを追記する*/
```

```
repeating-linear-gradient(
    -45deg,
    #e5c046 0px, #e5c046 1px,
    rgba(0 0 0 / 0) 0%, rgba(0 0 0 / 0) 50%
);
```

1-8-3 ステッチ風の線を施した見出し

採用情報について

ポイント

- ✔ borderでは表現できないステッチを使った見出しデザイン
- ✔ 線の長さや線間の余白を調整することで印象を変えられる

Web Design Idea Recipe

コード

HTML

```
<h2 class="heading">採用情報について</h2>
```

CSS

```
.heading {
   padding: 0 2em 20px;
   font-size: 26px;
   background-image:
   repeating-linear-gradient( /*反復線形グラデーション*/
      90deg, /*斜線にするために90°回転させる*/
      #e5c046 0px, #e5c046 12px, /*線の色指定*/
      rgba(0 0 0 / 0) 12px, rgba(0 0 0 / 0) 20px /*線間の余白指定*/
   );
   background-size: 20px 2px; /*線形グラデーションを指定したbackgroundのサイズ*/
   background-repeat: repeat-x; /*背景の繰り返し指定*/
   background-position: center bottom;
}
```

解説

素材感を表現したいときに使える見出しデザイン。ステッチ風の線も『斜線のあしらいをつけた見出し』の応用で実装可能です。

一見、border-bottom: 2px dashed #e5c046で実装できそうにも見えますが、こちらは破線の横幅や間の余白幅が調整できるので、見た目の印象を簡単に変えられます。

採用情報について

線間の余白は変えず線の長さを変更

採用情報について

線間の余白と線の長さを変更

線と余白を変更するだけで見た目の印象がガラッと変わるので、デザインテイストに合わせた破線を実装できるようになります。

反復線形グラデーションrepeating-linear-gradientを利用して破線を表現します。グラデーションのデフォルトが要素の上から下へグラデーションする設定になっているので、横クラデーションにするため90degで90°回転させます。

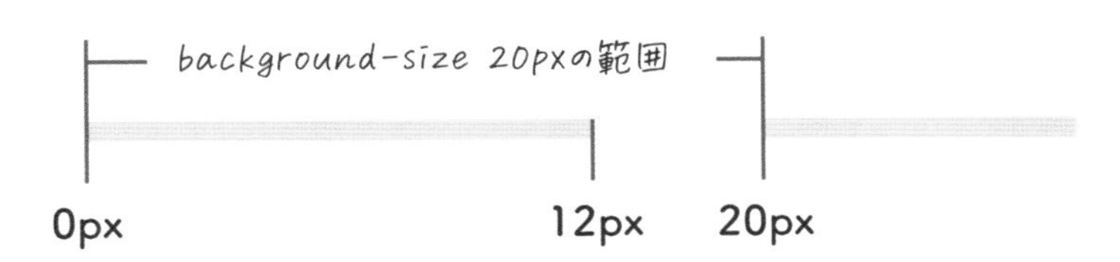

background-size: 20px 2pxで横20pxと縦2pxの背景サイズを決めて、その中で線のサイズ調整をしていきます。このサイズはもちろん自由に変更可能です。

黄色い線を0pxから12pxの間で指定、余白rgba(0 0 0 / 0)を12pxから20pxの間で指定して、X軸（水平方向）にリピートさせるためにbackground-repeat: repeat-x、下部中央に配置するためにbackground-position: center bottomを指定し、実装しています。

1-8-4　2色カギカッコ

採用情報について

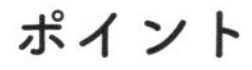

ポイント

- ✔ シンプルながらポップなイメージを与えられる見出しデザイン
- ✔ 色の組み合わせによって印象を変えられる

コード

HTML

```html
<h2 class="heading">採用情報について</h2>
```

CSS

```css
.heading {
   display: flex; /*横並び*/
   justify-content: center; /*左右中央揃え*/
   align-items: center; /*上下中央揃え*/
}

.heading::before,
.heading::after {
   content: '';
   width: 15px; /*カギカッコの横幅*/
   height: 15px; /*カギカッコの縦幅*/
}
```

```
.heading::before { /*左上のカギカッコを擬似要素で表現*/
   margin: -80px 30px 0 0; /*左上の括弧の配置*/
   border-top: 15px solid #e5c046;
   border-left: 15px solid #c4990a;
}

.heading::after { /*右下のカギカッコを擬似要素で表現*/
   margin: 0 0 -80px 30px; /*右上の括弧の配置*/
   border-right: 15px solid #c4990a;
   border-bottom: 15px solid #e5c046;
}
```

解説

カギカッコをあしらったポップな見出しデザイン。ここでは、CSSの疑似要素を使って実装します。

カギカッコは疑似要素::beforeと::afterを利用し、borderで表現します。まず、疑似要素のサイズをwidth: 15pxとheight: 15pxで指定し、borderの線幅も15pxを指定します。

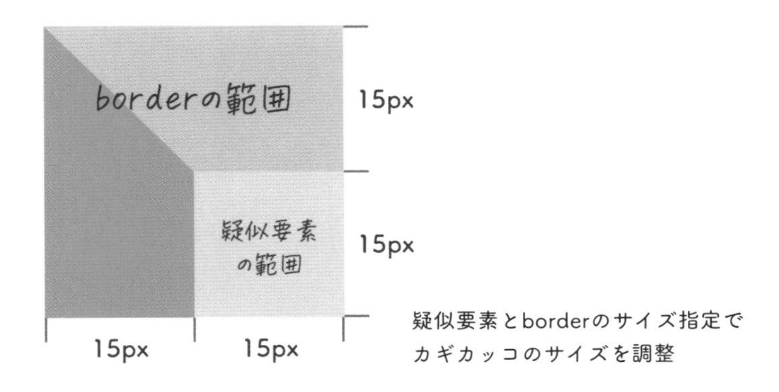

疑似要素とborderのサイズ指定で
カギカッコのサイズを調整

疑似要素で指定したサイズは図のグレー部分です。widthの中にborderのサイズが含まれないので、図のように擬似要素とborderのサイズは別で換算されます。サンプルでは、疑似要素とborderのサイズを同じにすることで線が短いカギカッコを表現していますが、線が長いカギカッコも表現可能です。そのときは、疑似要素のサイズをborderの値よりも大きくします。

→ 次ページへ

前ページより

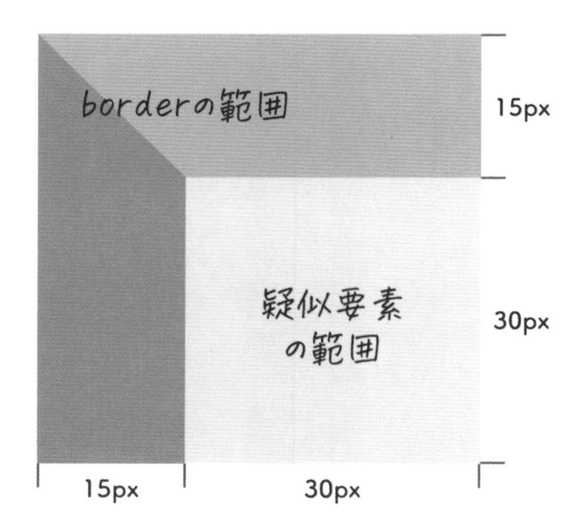

疑似要素とborderの値を変えることで
カギカッコの見た目を調整することができる

このように、疑似要素とborderの値を調整して見た目を変えられます。また、2色のborderを表現していますが、これはborderの位置ごとに色を変更しています。

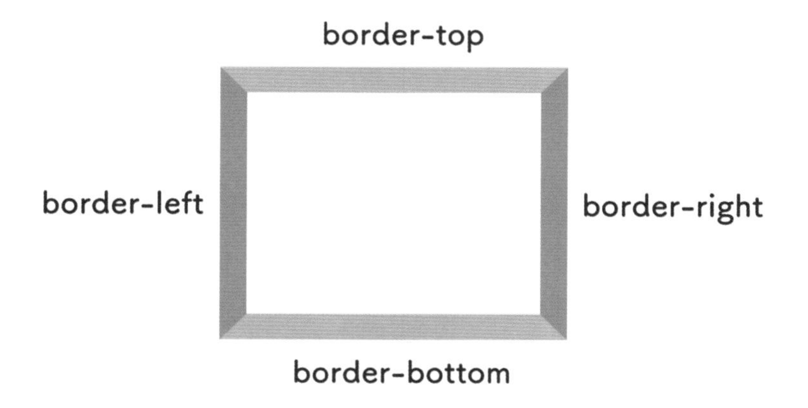

borderの位置毎に色を変えるとポップなイメージになる

色の組み合わせによって与える印象が変わるので、デザインテイストに合わせて設定してみてください。

採用情報について

CSS
```
::before { /*左上のカギカッコ*/
   border-top: 15px solid #d53cce;
   border-left: 15px solid #961991;
}

::after { /*右下のカギカッコ*/
   border-right: 15px solid #961991;
   border-bottom: 15px solid #d53cce;
}
```

採用情報について

CSS
```
::before { /*左上のカギカッコ*/
   border-top: 15px solid #3aa5ac;
   border-left: 15px solid #107f86;
}
::after { /*右下のカギカッコ*/
   border-right: 15px solid #107f86;
   border-bottom: 15px solid #3aa5ac;
}
```

採用情報について

CSS
```
::before { /*左上のカギカッコ*/
   border-top: 15px solid #d86977;
   border-left: 15px solid #c14252;
}

::after { /*右下のカギカッコ*/
   border-right: 15px solid #c14252;
   border-bottom: 15px solid #d86977;
}
```

1-8-5 テキストのずらしテクニック

ポイント

- ✓ よりポップな印象を与えられる見出しデザイン
- ✓ 英字の太字を斜体にするとより線が強調されるのでおすすめ

コード

HTML

```html
<h2 class="heading">Recruit</h2>
```

CSS

```css
.heading {
   -webkit-text-stroke: 3px #555; /*テキスト枠線のスタイル指定*/
   text-shadow: 4px 4px 0 #e5c046; /*黄色テキスト部分のスタイル指定*/
   color: rgba(0 0 0 / 0); /*本来のテキスト部分を透過指定*/
   font-size: 100px;
   font-weight: 700;
   font-style: italic;
   font-family: 'Montserrat', sans-serif;
}
```

解説

テキストの枠線をずらしてポップな印象をつける見出しデザイン。

text-strokeでテキストの縁を指定することができます。現状では、どのブラウザでもベンダープレフィックスが必要なので、-webkit-を付与して記述します。

-webkit-text-stroke: 3px #555で線の太さと線の色を指定します。ショートハンドで記述してあるこちらを分解すると、次のようになります。

```
-webkit-text-stroke-width: 3px;
-webkit-text-stroke-color: #555;
```

また、テキストの色と位置をtext-shadowで指定します。text-shadowは通常テキストに影をつけるプロパティですが、これでテキストを表現することにより、先に設定したtext-strokeからずれた位置で表示されるようになります。

```
text-shadow: 4px 4px 0 #e5c046;
```

blur-radiusの値を0にすることで、ぼかしのないくっきりとしたテキストが表示されます。デフォルトのテキストは非表示にするため、color: rgba(0 0 0 / 0)で透明を指定します。

あとは、フォントサイズに合わせてoffset-xと offset-yの値でずらす位置を調整します。

2 テキスト装飾

2-1 蛍光ペンのような下線

強調したいテキストにマークをつけることができます。

ポイント

- 疑似要素なしで蛍光ペンを引いた表現を実装
- シンプルに強調させられる
- 先の太さを調整できる

コード

HTML

```
<p>強調したいテキストに<span class="emphasis">マークをつけること</span>ができます。</p>
```

CSS

```
.emphasis {
   background-image: linear-gradient( /*線形グラデーション*/
      rgba(0 0 0 / 0) 70%, /*透明*/
      #e5c046 70% /*蛍光ペンの線を表現*/
   );
}
```

解説

蛍光ペンでチェックを入れたようなポップな下線デザイン。線をbackground-imageで表現します。線形グラデーションlinear-gradientを使用し、全体の70%までrgba(0 0 0 / 0)で透明、70%以降に色がついた線が表示されるように指定しています。

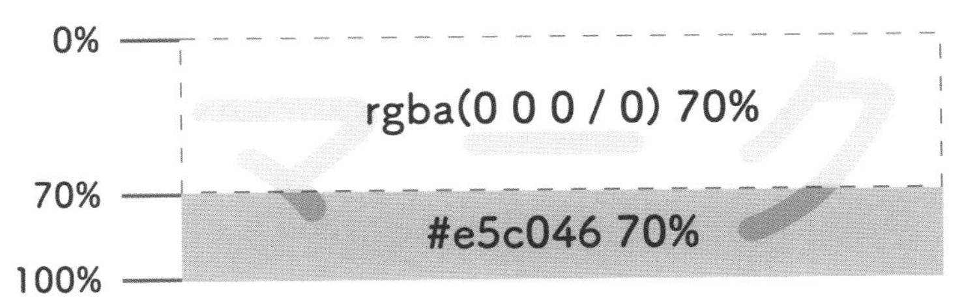

基準0%の位置から70%までが透明、70%から100%に色を表現

下線の色を変えるだけで印象が変わります。サイトカラーに合わせて変更してください。

強調したいテキスト

```
.emphasis {
   background-image: linear-gradient(
      rgba(0 0 0 / 0) 70%,
      #eb5b87 70%
   );
}
```

強調したいテキスト

```
.emphasis {
   background-image: linear-gradient(
      rgba(0 0 0 / 0) 70%,
      #53a8c7 70%
   );
}
```

強調したいテキスト

```
.emphasis {
   background-image: linear-gradient(
      rgba(0 0 0 / 0) 70%,
      #54b75c 70%
   );
}
```

2-2　一字ごとに強調

強調したいテキストの装飾は太文字や下線が主なものでありましたが、text-emphasisの登場によりパターンが増えました。自然に強調できるコードを紹介します。

2-2-1　セサミ

強調したいテキストにマークをつけることができます。

ポイント

- テキスト一字ずつ強調したいときに使えるデザイン
- シンプルながら目に留まりやすい

コード

共通HTML

```
<p>強調したいテキストに<span class="emphasis">マークをつけること</span>ができます。</p>
```

CSS

```
.emphasis {
   text-emphasis: sesame #e5c046;
   -webkit-text-emphasis: sesame #e5c046;
}
```

解説

CSSプロパティtext-emphasisを利用してテキストを強調するデザイン。text-emphasisは、執筆時点（2022年1月）ではFirefoxとSafariで完全対応していて、それ以外のモダンブラウザにはベンダープレフィックス-webkit-が必要です。

2-2-2 オープンサークル

強調したいテキストにマークをつけることができます。

ポイント

- ✓ テキスト一字ずつ強調したいときに使えるデザイン
- ✓ シンプルながら目に留まりやすい

コード

CSS

```
.emphasis {
   text-emphasis: open circle #e5c046;
   -webkit-text-emphasis: open circle #e5c046;
}
```

解説

テキストに丸を付けてポップなイメージで強調できるテキストデザイン。前項のセサミと同じように、text-emphasisは執筆時点（2022年1月）ではFirefoxとSafariで完全対応していて、それ以外のモダンブラウザにはベンダープレフィックス-webkit-が必要なので併記して指定します。

circleの値にopenを追記することで中抜きの円になります。

次ページへ

前ページより

ちなみに、openをなくしてtext-emphasis: circle #e5c046にすると、図のようなデザインになります。

```
.emphasis {
   text-emphasis: circle #e5c046;
   -webkit-text-emphasis: circle #e5c046;
}
```

強調したいテキストにマークをつけることができます。

ほかには二重丸もあります。

```
.emphasis {
   text-emphasis: double-circle #e5c046;
   -webkit-text-emphasis: double-circle #e5c046;
}
```

強調したいテキストにマークをつけることができます。

2-3　波線

強調したいテキストに
マークをつけることが
できます。

ポイント

- ✓ より力強く強調したいときに使えるテキスト装飾
- ✓ 波線のスタイルを調整することで印象を変えられる

コード

CSS
```
.emphasis {
    text-decoration: #e5c046 wavy underline 5px;
    -webkit-text-decoration: #e5c046 wavy underline 5px;
}
```

解説

強調したいテキストをより目立たせたいときに使える波線デザイン。text-decorationプロパティを使用してテキストにunderline（下線）はよく利用しますが、今回はテキストの装飾としてwavy（波線）を紹介します。

このデザインのコードではショートハンドを利用して記述しています。これを分解すると次のようになります。

次ページへ

前ページより

・text-decoration-color: #e5c046;
・text-decoration-style: wavy;
・text-decoration-line: underline;
・text-decoration-thickness: 5px;

・text-decoration-color…線の色
・text-decoration-style…線のスタイル
・text-decoration-line…線の位置
・text-decoration-thickness…線の太さ

線のスタイルや色、位置、太さを調整することで印象をガラッと変えられます。

強調したいテキストにマークをつけることができます。

text-decoration-thickness: 7px;

また、執筆時点（2022年1月）ではSafariがショートハンドに対応していないので、ベンダープレフィックス-webkit-が必要となります。

2-4　背景色（box-decoration-break）

メイン
ビジュアルで
使えるデザイン

ポイント

- ✓ メインビジュアルのコピーに使えるテキストデザイン
- ✓ 写真の上でも視認性の高い状態を維持できる
- ✓ 行ごとの背景ボックス内余白を調整して実装できる

コード

HTML

```
<div class="emphasis"><p>メインビジュアルで使えるデザイン</p></div>
```

CSS

```
.emphasis p {
   box-decoration-break: clone; /*1行ごとにスタイルを指定できるようにする*/
   -webkit-box-decoration-break: clone; /*Firefox以外にも適用*/
   display: inline;
   padding: 10px;
   font-size: 32px;
   font-weight: 700;
   line-height: 2.2;
   background-color: #e5c046;
}
```

解説

テキストに背景色をつけるデザイン。写真の上にのせたテキストを見やすくしたい場合やポップな印象をつけたいときに使用することで、テキストを効果的に魅せられます。

box-decoration-breakを利用してcloneの値を指定することで、行ごとにスタイルを指定できるようにしています。

行ごとにpaddingがない

メイン
ビジュアルで
使えるデザイン

box-decoration-breakなしの場合、余白の位置がずれる

図のようにbox-decoration-breakの指定をしないと、1行ごとの背景色を基準に余白(padding)が指定ができず、意図したデザインを実装できません。

行ごとにpaddingがある

メイン
ビジュアルで
使えるデザイン

box-decoration-break: cloneを指定すると行ごとの余白を揃えられる

box-decoration-break: cloneの指定をすることで、スタイルの基準が1行ごとになります。paddingの基準が1行ごとになるので、余白のサイズ調整が可能となります。

注意点

また、執筆時点(2022年1月)はFirefoxのみ対応しているため、その他のモダンブラウザに対応させるにはベンダープレフィックス-webkit-が必要となります。

2-5 ノートのような罫線

CSSでテキストにノートのような罫線をつけることができます

ポイント

- ✓ メッセージ性の高い文章に最適なテキスト装飾
- ✓ シンプルで親しみのあるページデザインになる
- ✓ ノートの罫線を表現することで文章全体を強調できる

コード

HTML

```
<p>CSSでテキストにノートのような罫線をつけることができます</p>
```

CSS

```
p {
   margin: 0 auto;
   padding: 0 1.5em;
   font-size: 18px;
   line-height: 3; /*テキストと罫線の間の余白指定*/
   background-image: linear-gradient( /*線形グラデーション*/
      rgba(0 0 0 / 0) 0%, rgba(0 0 0 / 0) 98%, /*透明部分*/
      #ccc 100% /*罫線を表現*/
   );
   background-size: 100% 3em; /*余白(透明部分)から罫線までのサイズ*/
}
```

解説

テキストを読みやすくするノートにあるような淡い罫線をCSSのみで実装するデザイン。backgroundに線形グラデーションlinear-gradientを利用して表現できます。

`rgba(0 0 0 / 0) 0, rgba(0 0 0 / 0)` 98%で1行の上(0%)から98%までを透明に指定。98%から100%までを#cccでグレーを指定しています。線の色はここで変更が可能です。

また、line-heightとbackground-sizeの縦幅(Y軸)は同じ値を指定することで、罫線を等間隔に表示させられます。

Chapter

3

ボタンデザイン

近年シンプルなボタンが求められていますが、ワンポイントだけ装飾すると視認性が上がり使いやすいデザインになります。画像を使わず、汎用性の高いボタンを実装する方法をご紹介します。

1 ずらした斜線背景と背景色

私たちについて

ポイント

- ☑ 斜線を使ったほどよくポップな印象を与えるボタンデザイン
- ☑ 画像ではなく線形グラデーションで実装する斜線背景なので線の太さや余白調整、色変更がかんたん

コード

HTML

```
<a href=""><span>私たちについて</span></a>
```

CSS

```
a {
   display: block;
   position: relative; /*斜線背景の基準*/
   color: #333;
   text-decoration: none;
}
```

```
a span {
   display: flex;
   justify-content: center; /*左右中央揃え*/
   align-items: center; /*上下中央揃え*/
   position: relative; /*z-indexを適用するために必要*/
   padding: 30px 10px;
   width: 260px;
   font-size: 18px;
   font-weight: 700;
   background-color: #90be70;
   z-index: 2; /*重なり順指定*/
}

a::before { /*斜線背景の指定*/
   content: '';
   position: absolute;
   bottom: -5px; /*基準の下側から-5px移動させる*/
   right: -5px; /*基準の右側から-5px移動させる*/
   width: 100%;
   height: 100%;
   background-image: repeating-linear-gradient( /*斜線を線形グラデー
ションで表現*/
      -45deg, /*線形グラデーションを-45°回転させる*/
      #2b550e 0px, #2b550e 2px, /*色の付いた線を表現*/
      rgba(0 0 0 / 0) 0%, rgba(0 0 0 / 0) 50% /*余白(透明)部分を表現*/
   );
   background-size: 8px 8px; /*background-imageを表現するサイズを指定*/
   z-index: 1; /*重なり順を指定*/
}
```

解説

斜線を使ったボタンデザインは斜線部分をずらすだけでお手軽におしゃれなボタンに。

グリーンの背景色をspanで、斜線背景を疑似要素beforeでそれぞれ表現。斜線は反復線形グラデーションrepeating-linear-gradientを使用しています。

→ 次ページへ

前ページより

repeating-linear-gradientのデフォルトは上から下へグラデーションするので、-45degで斜めに回転させ、#2b550e 0px, #2b550e 2pxで色の付いた線、rgba(0 0 0 / 0) 0%, rgba(0 0 0 / 0) 50%で透明部分を表現。

```
repeating-linear-gradient(
   -45deg,
   #2b550e 0px, #2b550e 2px,
   rgba(0 0 0 / 0) 0%, rgba(0 0 0 / 0) 50%
)
```

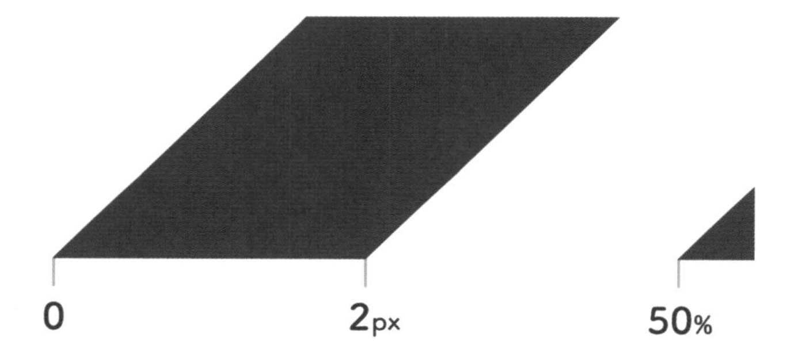

背景のサイズはbackground-size: 8px 8pxを指定します。background-repeatを指定しないことにより初期値repeatが適用されるので、8px 8pxのサイズの背景が要素いっぱいに敷き詰められて表示されます。

また、今回spanを使ったのは重なりの問題があるからです。spanがなくてもグリーンの背景色をaタグに指定し、疑似要素::beforeにz-index: -1を指定すれば表現できます。

しかし、背景を指定した親要素があると、その下に回り込んでしまい斜線背景が表示されなくなります。

斜線背景が親背景の下に回り込んでしまい見えなくなる

そのため、spanを使ってグリーンの背景色を表現し、グリーン背景と親要素の背景の間に斜線背景が回り込むようにしています。

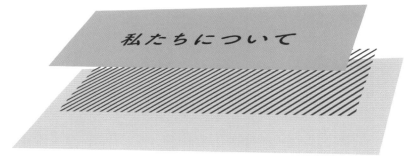

spanに指定したグリーン背景色と親要素の背景の間に斜線背景をz-indexで指定

```
a span { /*テキスト*/
   z-index: 2; /*こちらが上*/
}

a::before { /*斜線背景*/
   z-index: 1; /*こちらが下*/
```

z-indexで階層を調整しますが多用すると破綻しやすいものでもあるので、必要最低限のものだけを指定するのがベストです。

2 ずらした枠線と背景色

私たちについて

ポイント

☑ 枠線を引くだけでシンプルポップな印象を与えられる

コード

HTML

```
<a href="">私たちについて</a>
```

CSS

```
a {
   display: block;
   position: relative; /*枠線の基準*/
   padding: 30px 10px;
   width: 260px;
   color: #333;
   font-size: 18px;
```

```
  font-weight: 700;
  text-align: center;
  text-decoration: none;
  background-color: #90be70;
}

a::before { /*枠線を擬似要素で表現*/
  content: '';
  position: absolute;
  top: -8px;
  left: -8px;
  width: calc(100% - 4px); /*疑似要素の左右枠線サイズx2の分を差し引く計算式*/
  height: calc(100% - 4px); /*疑似要素の上下枠線サイズx2の分を差し引く計算式*/
  background-color: rgba(0 0 0 / 0); /*透明にする*/
  border: 2px solid #2b550e; /*枠線のスタイル*/
}
```

解説

シンプルながら印象に残る、枠線をずらしたボタンデザイン。

aタグにボタンのベースの形状を指定し、疑似要素::beforeでボタンの形状に合わせた枠線を表現します。さらに、top: -8pxとleft: -8pxで位置をずらします。

widthとheightをcalc(100% - 4px)としているのは、backgroundとborderのサイズ違いが理由です。

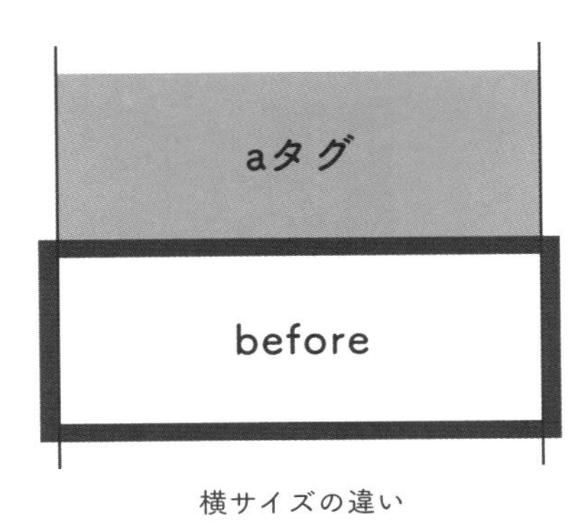

横サイズの違い

次ページへ

前ページより

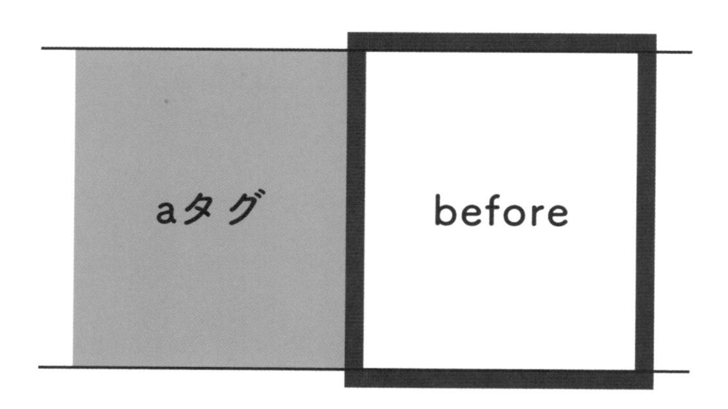

縦サイズの違い

サイズの違う２つの要素を組み合わせてずらすと違和感が出てしまうので、beforeの縦横サイズwidthとheightにcalc(100% - 4px)と、calcで線幅2本分（この例では2px + 2px = 4px）を引いて、ボタンと枠のサイズを合わせます。

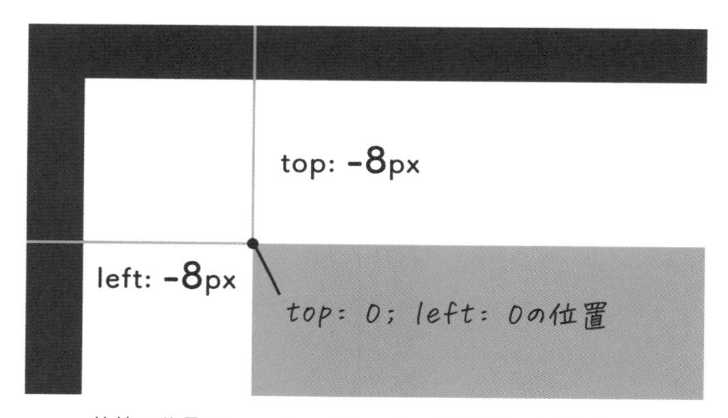

枠線の位置はtop: -8px; left: -8pxを指定してずらす

枠線の位置は擬似要素::beforeにposition: absoluteを指定、top: -8pxとleft: -8pxでずらしています。

また、枠線の位置を変えるだけでも印象を変えられます。

私たちについて

```
a::before { /*枠線を右上にずらす*/
    top: -8px;
    right: -8px;
}
```

注意点

top: 0pxとleft: 0pxの位置は、親要素borderの外側ではなくborderの内側になります。今回、親要素にborderの指定がないため間違うことはないと思いますが、もしborderがあるデザインのときは注意が必要です。

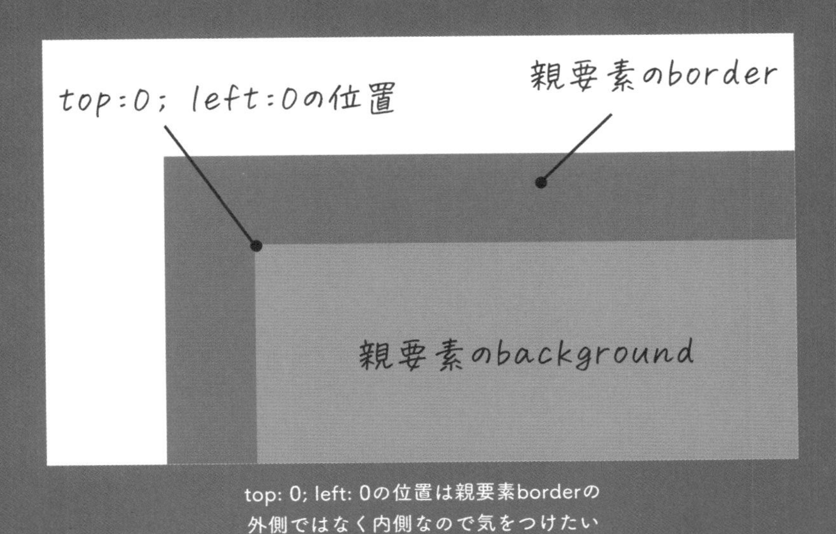

top: 0; left: 0の位置は親要素borderの
外側ではなく内側なので気をつけたい

3 斜線枠と背景色

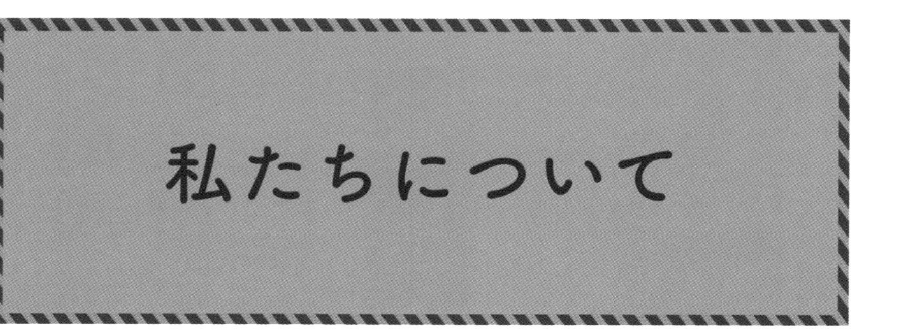

ポイント

☑ 斜線を使ったかわいい枠線の実装方法

コード

HTML
```html
<a href="">私たちについて</a>
```

CSS
```css
a {
   display: block;
   padding: 30px 10px;
   width: 260px;
   color: #333;
   font-size: 18px;
   font-weight: 700;
```

```
    text-align: center;
    text-decoration: none;
    background-color: #90be70;
    border-image-source: /*ボーダーを画像で表現するプロパティ*/
    repeating-linear-gradient( /*線形グラデーションで表現*/
      45deg, /*線形グラデーションを45°回転させる*/
      #2b550e 0px, #2b550e 4px, /*色の付いた斜線を表現*/
      rgba(0 0 0 / 0) 4px, rgba(0 0 0 / 0) 6px /*余白(透明)を表現*/
    );
    border-image-slice: 3; /*border4辺の使用範囲を指定*/
    border-width: 3px; /*ボーダーの幅*/
    border-image-repeat: round; /*タイル状に繰り返して表示*/
    border-style: solid; /*1本の線として表現*/
}
```

解説

枠線を斜線で表現するポップなボタンデザイン。border-imageプロパティに線形グラデーションを指定していきます。

border-image-sourceはborder部分に画像を設定するプロパティで、ここに線形グラデーションrepeating-linear-gradientを記述していきます。グラデーションの基準は上から下なので、45degで45°の角度をつけます。

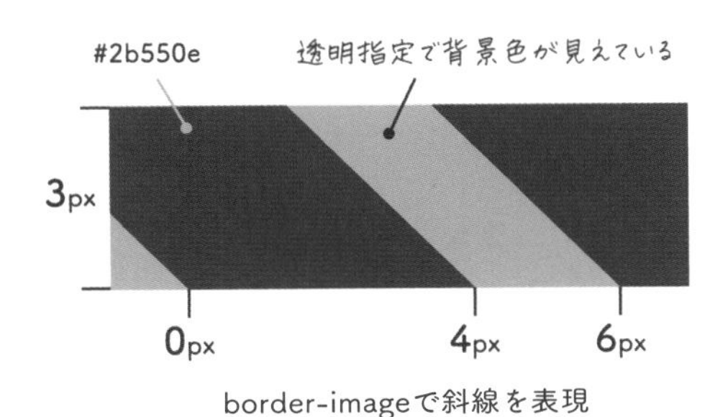

border-imageで斜線を表現

#2b550e 0, #2b550e 4pxで色の付いた斜線、rgba(0 0 0 / 0) 4px, rgba(0 0 0 / 0) 6pxで透明部分を表現。border-width: 3pxでborderの太さを指定、border-image-slice: 3でborderの4辺の使用範囲を指定、border-image-repeat: roundでタイル状に繰り返して表示させます。

4 グラデーション

私たちについて

ポイント

- ✓ 線形グラデーションのスタンダードな使い方
- ✓ 色によって印象が変わるので応用の効くデザインができる

コード

HTML

```
<a href="">私たちについて</a>
```

CSS

```
a {
   display: block;
   padding: 30px 10px;
   width: 260px;
   color: #333;
   font-size: 18px;
   font-weight: 700;
```

```
    text-align: center;
    text-decoration: none;
    background-image: linear-gradient(#52a01d, #8bd05a); /*線形グラデーション*/
    border-radius: 20px;
}
```

解説

グラデーションボタンは、色の組み合わせ次第で印象がガラっと変わるデザイン。サイトテイストに合わせた色をチョイスする必要がありますが、ユニークな表現ができるのでおすすめです。

backgroundに線形グラデーションlinear-gradientを使用して表現します。グラデーションは何も指定しなければ要素の上から下に向かうようにデフォルトで設定されています。

linear-gradient(#52a01d, #8bd05a)

#52a01d

私たちについて

#8bd05a

linear-gradientは上から下へ
グラデーションするのが初期値

5 背景色と線

私たちについて

ポイント

- ✓ 線を1本引くだけで目に留まるデザインになるのでシンプルにまとめたいサイトにおすすめ

コード

HTML

```
<a href="">私たちについて</a>
```

CSS

```
a {
   display: block;
   position: relative; /*疑似要素の基準*/
   padding: 30px;
   width: 260px;
   color: #333;
   font-size: 18px;
```

```
    font-weight: 700;
    text-decoration: none;
    background-color: #90be70;
    border-radius: 20px;
}

a::after { /*線を疑似要素で表現*/
    content: '';
    position: absolute;
    top: 50%; /*上下中央配置*/
    right: 0; /*右から0pxの位置に配置*/
    transform: translateY(-50%); /*上下中央配置*/
    width: 50px; /*線の横幅*/
    height: 2px; /*線の縦幅*/
    background-color: #2b550e;
}
```

解説

シンプルに背景色と線を組み合わせたボタンデザインの実装方法です。

線を擬似要素::afterによって表現します。aにposition: relativeを指定して基準をつくり、a::afterにposition: absoluteを指定して他要素に干渉させずに移動できるようにします。

top: 50%で要素の上から50%の位置、right: 0で要素の右から0pxの位置、transform: translateY(-50%)で疑似要素のY軸50%分（疑似要素の高さ）を移動させるように指定し、要素の右中央に配置されるように設定します。

```
a::after {
    top: 50%;
    right: 0;
    transform: translateY(-50%);
}
```

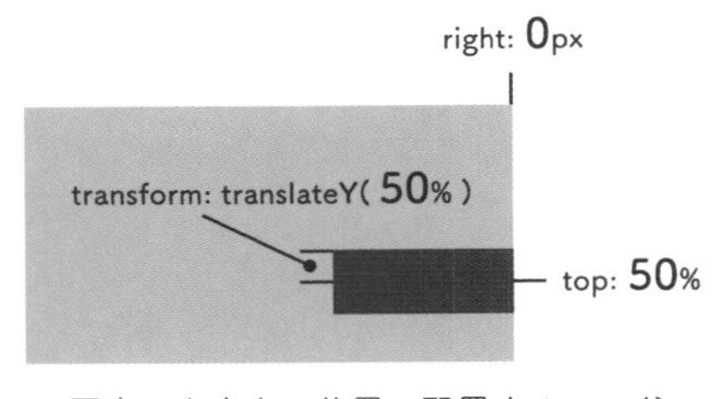

要素の右中央の位置に配置するコード

6 背景色と点と線

●─ 私たちについて ──

ポイント

- ☑ 点と線を使ったユニークなボタンデザイン
- ☑ 文字数によって調整が必要になるので注意

コード

HTML

```
<a href=""><span>私たちについて</span></a>
```

CSS

```
a {
   display: block;
   position: relative; /*疑似要素の基準*/
   padding: 30px 10px;
   width: 260px;
   color: #333;
   font-size: 18px;
```

```
    font-weight: 700;
    text-align: center;
    text-decoration: none;
    background-color: #90be70;
    border-radius: 50%;
}

a span {
    position: relative; /*z-indexを適用するために必要*/
    padding: 10px;
    background-color: #90be70;
    z-index: 1; /*テキストの重なり順*/
}

a::before { /*線を擬似要素で表現*/
    content: '';
    position: absolute;
    top: 50%; /*上下中央配置*/
    right: 0; /*右から0pxの位置に配置*/
    transform: translateY(-50%); /*上下中央配置*/
    width: 90%; /*線の幅を全体の90%に指定*/
    height: 2px;
    background-color: #2b550e;
}

a::after { /*点を擬似要素で表現*/
    content: '';
    position: absolute;
    top: 50%; /*上下中央配置*/
    right: 90%; /*線の横幅に合わせた点のX軸の位置*/
    transform: translateY(-50%); /*上下中央配置*/
    width: 10px;
    height: 10px;
    background-color: #2b550e;
    border-radius: 10px;
}
```

解説

背景色に点と線を引いたシンプルなボタンデザイン。線と点を擬似要素で表現しています。

2つの疑似要素を配置させるための基準をつくります。まずは、aにposition: relativeを指定します。

線は疑似要素::beforeでposition: absoluteを指定してから、top: 50%、right: 0、transform: translateY(-50%)で右中央の位置に配置。線の幅を2px、長さを要素全体の90%に指定、背景色background-color: #2b550eを指定することで線が表現できます。

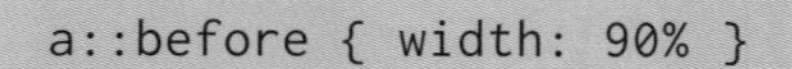

```
a::before { width: 90% }
```

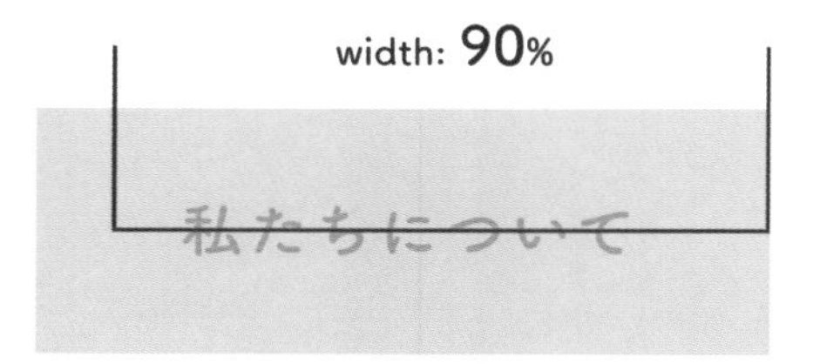

要素全体の90%の横サイズを指定

点は疑似要素::afterで、線と同じようにposition: absoluteを指定してから、top: 50%、transform: translateY(-50%)で上下中央の位置に配置。X軸の位置は線の左端になるのでright: 90%と線の長さを同じ値に指定します。

```
a::after { right: 90% }
```

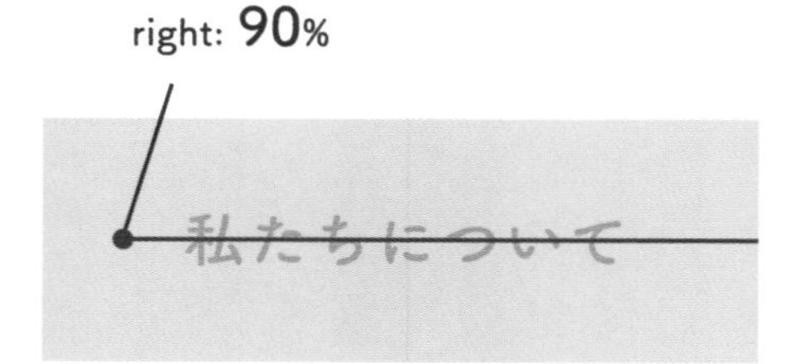

線の長さと同じ値をrightに指定

横縦それぞれのサイズを10pxと同じ値を指定し、背景色background-color: #2b550eを指定することで点を表現できます。

ただ、このままだとテキストの上に線が表示された状態になります。疑似要素は、::beforeも::afterも親要素の上の階層にあるので、テキストをspanで括って階層を上げないといけません。

z-index: 1で線の上に表示されるようにします。また、z-indexプロパティはpositionプロパティでstatic以外の値を指定している要素でないと効かないので、position: relativeも合わせて指定します。

さらに、線を隠すためspanに親要素と同じ背景色background-color: #90be70を指定します。線とテキストの間に余白をつけるのでpaddingで調整します。

```
a span { background-color: #90be70 }
```

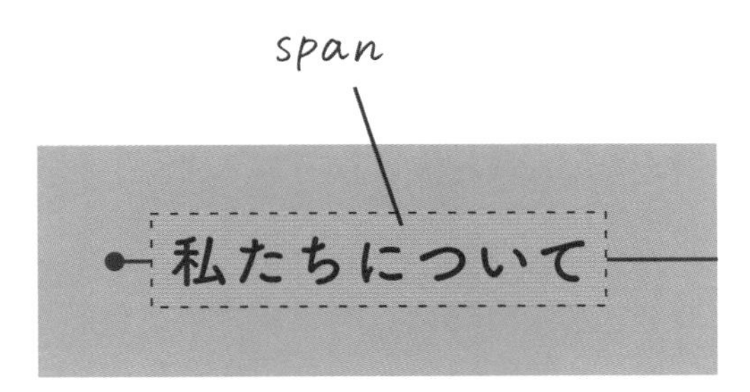

線を隠すためテキストを親要素と
同じ背景色をつけたspanで括る

テキスト量によっては点に被ることがあるので、ボタンサイズa { width: 260px }を調整してください。

7 背景色とシンプル矢印

私たちについて >

ポイント

- ☑ シンプルな矢印を付与したスタンダードなボタンデザイン
- ☑ 矢印を擬似要素で表現するので画像なしで実装可能

コード

HTML

```
<a href="">私たちについて</a>
```

CSS

```
a {
   display: flex; /*テキストとシンプル矢印を横並びにする*/
   justify-content: space-between; /*テキストとシンプル矢印を左右に配置*/
   align-items: center; /*テキストとシンプル矢印を上下中央揃えで配置*/
   padding: 30px;
   width: 260px;
   color: #333;
```

```
    font-size: 18px;
    font-weight: 700;
    text-decoration: none;
    background-color: #90be70;
    border-radius: 40px;
}

a::after { /*シンプル矢印を擬似要素で表現*/
    content: '';
    width: 10px;
    height: 10px;
    border-top: 2px solid #2b550e; /*シンプル矢印の一辺*/
    border-right: 2px solid #2b550e; /*シンプル矢印の一辺*/
    transform: rotate(45deg); /*45°回転させてシンプル矢印にする*/
}
```

解説

テキストと矢印を並べたシンプルなボタンデザイン。このデザインは、Flexboxで配置して実装します。

矢印は疑似要素::afterで表現します。疑似要素の横サイズと縦のサイズ（widthとheight）を10pxずつ同じ値を指定し、borderのtopとrightに2px solid #2b550eをそれぞれ指定すると図のようになります。

```
a::after {
    border-top: 2px solid #2b550e;
    border-right: 2px solid #2b550e;
}
```

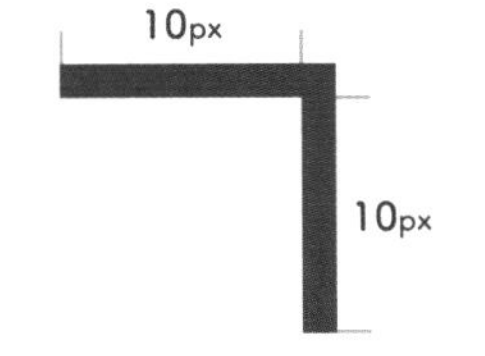

疑似要素に要素のサイズとborderを指定

→ 次ページへ

前ページより

さらに、transform: rotate(45deg)で45°回転させると矢印の完成です。

配置にはさまざまな方法がありますが、ここではFlexboxで実装していきます。justify-content: space-betweenで要素の両端配置、align-items: centerで要素の上下中央配置を指定します。

```
a {
  justify-content: space-between;
  align-items: center;
}
```

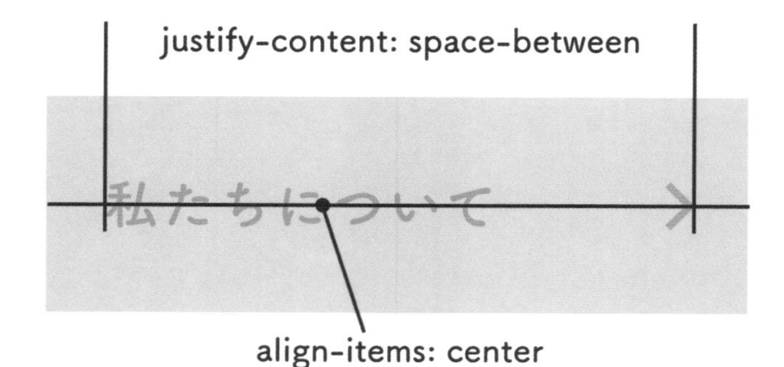

テキストと矢印をFlexboxで配置

padding: 30pxでボタンの左右端からの余白を空けています。デザインに合わせて調整してください。

8 背景色とシンプル矢印に丸背景

私たちについて 

ポイント

- ✓ 矢印にトーンと彩度をおさえた丸を組み合わせることでシンプルに強調できるボタンデザイン
- ✓ 矢印や丸背景を擬似要素で表現、画像なしで実装可能

コード

HTML

```
<a href="">私たちについて</a>
```

CSS

```
a {
   display: flex; /*テキストとシンプル矢印を横並びにする*/
   justify-content: space-between; /*テキストとシンプル矢印を左右に配置*/
   align-items: center; /*テキストとシンプル矢印を上下中央揃えで配置*/
   position: relative; /*丸背景の位置基準*/
   padding: 30px 43px 30px 30px;
```

→ 次ページへ

前ページより

```
    width: 260px;
    color: #333;
    font-size: 18px;
    font-weight: 700;
    text-decoration: none;
    background-color: #90be70;
    border-radius: 50%;
}

a::before { /*丸背景を擬似要素で表現*/
    content: '';
    position: absolute;
    top: 50%; /*上下中央配置*/
    right: 30px; /*要素右側から30pxの位置に配置*/
    transform: translateY(-50%); /*上下中央配置*/
    width: 30px;
    height: 30px;
    background-color: #cae6b7;
    border-radius: 20px;
}

a::after { /*シンプル矢印を擬似要素で表現*/
    content: '';
    transform: rotate(45deg); /*45°回転させてシンプル矢印にする*/
    width: 6px;
    height: 6px;
    border-top: 2px solid #2b550e; /*シンプル矢印の一辺*/
    border-right: 2px solid #2b550e; /*シンプル矢印の一辺*/
}
```

解説

シンプルな要素の組み合わせながら意外と採用されやすいボタンデザイン。矢印と丸背景を擬似要素でそれぞれ表現していきます。

矢印は::afterで、疑似要素のサイズを横6px縦6pxとした正方形を作成します。背景色を指定しないので透明の要素です。borderをtopとrightに2px solid #2b550eでそれぞれ指定します。transform: rotate(45deg)で45°回転させれば矢印の完成です。

丸背景は::beforeで、position: absoluteにtop: 50%とright: 30px、transform: translateY(-50%)で要素の右側上下中央に配置させます。right: 30pxは親要素のテキスト左側の余白と同じサイズにしています。

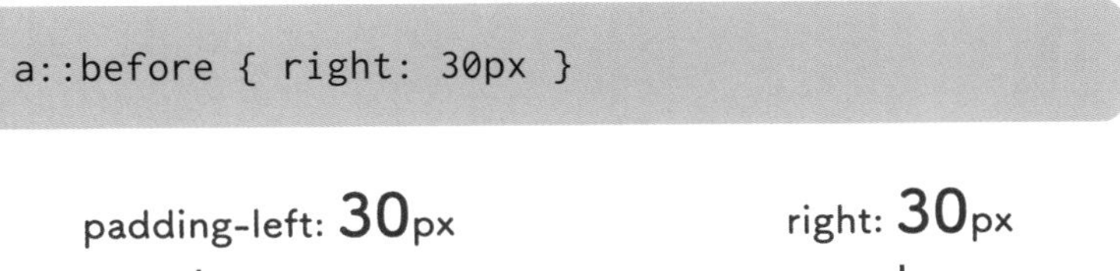

私たちについて

ボタン内側の余白を統一すると
バランスがよくなる

テキストと矢印の配置はFlexboxで実装します。justify-content: space-betweenで要素の両端に配置させ、align-items: centerで要素の上下中央の位置に指定します。paddingでテキストと矢印の位置を配置しますが、padding-rightは丸背景の中央に配置されるように調整が必要です。

a { padding: 30px 43px 30px 30px }

丸背景の中心に矢印が配置されるように
paddingで調整する

9 背景色と矢印

→ 私たちについて

ポイント

- ✓ 画像で用意することが多い矢印アイコンをCSSのみで実装するボタンデザイン

コード

HTML

```
<a href="">私たちについて</a>
```

CSS

```
a {
   display: flex; /*テキストとシンプル矢印を横並びにする*/
   justify-content: space-between; /*テキストとシンプル矢印を左右に配置*/
   align-items: center; /*テキストとシンプル矢印を上下中央揃えで配置*/
   position: relative; /*矢印の横棒の位置基準*/
   padding: 30px;
   width: 260px;
   color: #333;
   font-size: 18px;
```

```
    font-weight: 700;
    text-decoration: none;
    background-color: #90be70;
    border-radius: 40px;
}

a::before { /*シンプル矢印を擬似要素で表現*/
    content: '';
    width: 12px;
    height: 12px;
    border-top: 2px solid #2b550e; /*シンプル矢印の一辺*/
    border-right: 2px solid #2b550e; /*シンプル矢印の一辺*/
    transform: rotate(45deg); /*45°回転させてシンプル矢印にする*/
}

a::after { /*矢印の横棒を擬似要素で表現*/
    content: '';
    position: absolute;
    top: 50%; /*上下中央配置*/
    left: 30px; /*要素の左側から30pxの位置に配置*/
    transform: translateY(-50%); /*上下中央配置*/
    width: 15px;
    height: 2px;
    background-color: #2b550e;
}
```

解説

視認性が高くシンプルな矢印を使ったボタンデザイン。疑似要素を2つ使って矢印を表現していきます。

次ページへ

前ページより

疑似要素::beforeのwidthとheightにそれぞれ12pxを指定して正方形を作成します。borderのtopとrightに2px solid #2b550eをそれぞれ指定し、transform: rotate(45deg)で45°回転させてシンプルな矢印が完成します。

疑似要素::afterはposition: absoluteとtop: 50%とleft: 30px、transform: translateY(-50%)で左側の上下中央の位置に配置。width: 15pxと height: 2px、background-color: #2b550eで横棒を作成します。

疑似要素::beforeで作成したシンプル矢印のサイズ（widthとheight）の変更によって、疑似要素::afterで作成した横棒のサイズ調整が必要となるので注意が必要です。

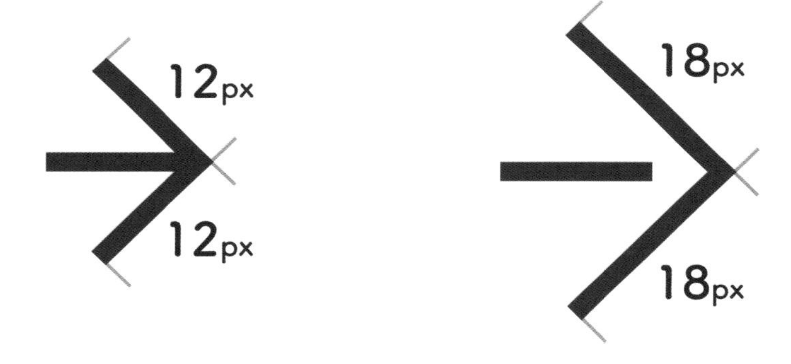

疑似要素のサイズによって横棒のサイズや位置調整が必要

9-1　背景色と矢印（外部リンク）

私たちについて　↗

ポイント

☑ 外部リンクを表現する矢印を擬似要素を使って実装するボタンデザイン

コード

HTML

```
<a href="">私たちについて</a>
```

CSS

```
a {
   display: flex; /*テキストとシンプル矢印を横並びにする*/
   justify-content: space-between; /*テキストとシンプル矢印を左右に配置*/
   align-items: center; /*テキストとシンプル矢印を上下中央揃えで配置*/
   position: relative; /*矢印の線の位置基準*/
   padding: 30px;
   width: 260px;
   font-size: 18px;
   font-weight: 700;
   text-decoration: none;
   background-color: #90be70;
   border-radius: 40px;
}
a::before { /*矢印の斜め棒を擬似要素で表現*/
   content: '';
```

→ 次ページへ

前ページより

```
    position: absolute;
    top: 50%; /*上下中央配置*/
    right: 30px; /*要素右側から30pxの位置に配置*/
    transform: translateY(-50%) rotate(-45deg); /*上下中央配置と-45°回転*/
    width: 15px;
    height: 2px;
    background-color: #2b550e;
}

a::after { /*シンプル矢印を擬似要素で表現*/
    content: '';
    width: 12px;
    height: 12px;
    border-top: 2px solid #2b550e; /*シンプル矢印の一辺*/
    border-right: 2px solid #2b550e; /*シンプル矢印の一辺*/
}
```


解説

外部サイトへのリンクであることをシンプルに表現するボタンデザイン。前項の[3.9 背景色と矢印]から矢印の位置と角度を変更して実装します。

矢印は疑似要素2つを使って表現します。疑似要素::afterのwidthとheightを同じ値で透明の正方形を作成。border-topとborder-rightに、2px solid #2b550eを指定してシンプル矢印を作ります。今回は角度を変更せずそのままにしておきます。

テキストとシンプル矢印の配置はFlexboxで実装します。a にjustify-content: space-betweenとalign-items: centerを指定し、要素内の左右端と上下中央に配置。

疑似要素::beforeは、position: absoluteとtop: 50%、right: 30pxで配置し、width: 15pxとheight: 2px、background-color: #2b550eで縦棒を作成。transform: rotate(45deg)で45°回転させます。

10 背景色と別窓

私たちについて

ポイント

✔ 別ウィンドウで開くアイコンを擬似要素で表現するボタンデザイン

コード

HTML

```
<a href="">私たちについて</a>
```

CSS

```
a {
   display: flex; /*テキストと別窓ボックスの横並び*/
   justify-content: space-between; /*テキストと別窓ボックスの左右両端揃え*/
   align-items: center; /*テキストと別窓ボックスの上下中央揃え*/
   position: relative; /*別窓逆L字の配置基準*/
   padding: 30px 33px 30px 30px;
   width: 260px;
   color: #333;
   font-size: 18px;
```

次ページへ

前ページより

```
    font-weight: 700;
    text-decoration: none;
    background-color: #90be70;
    border-radius: 40px;
}

a::before { /*別窓逆L字を擬似要素で表現*/
    content: '';
    position: absolute;
    bottom: 28px;
    right: 28px;
    width: 18px;
    height: 12px;
    border-right: 2px solid #2b550e;
    border-bottom: 2px solid #2b550e;
}

a::after { /*別窓ボックスを擬似要素で表現*/
    content: '';
    width: 18px;
    height: 12px;
    border: 2px solid #2b550e;
}
```


解説

別ウィンドウで開くことを表す、別窓を表現したアイコンデザイン。別窓を疑似要素で実装します。

疑似要素::afterで四角枠をつくっていきます。width: 18pxとheight: 12pxで四角枠のサイズを指定、border: 2px solid #2b550eで枠線を表示します。

四角枠の右下に配置する2本線は疑似要素::beforeで表現。position: absoluteとbottom: 28px、right: 28pxで要素を配置。width: 18pxとheight: 12pxの値は::afterで作成した四角枠と同じサイズにします。borderはrightとbottomに1px solid #2b550eをそれぞれ指定。

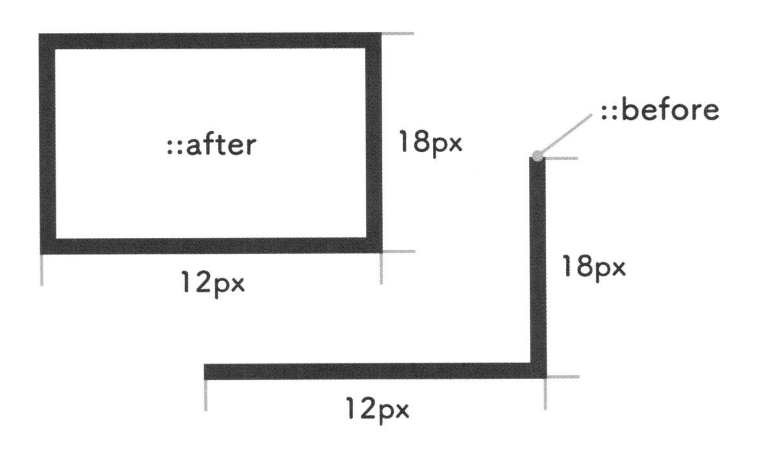

::beforeと::afterを使ってアイコンを表現

テキストと四角枠の配置はFlexboxを使用します。justify-content: space-betweenで左右端が基準になり、align-items: centerで上下中央の位置に配置されます。

aのpaddingは疑似要素::beforeで作成した2本線を考慮して値を指定します。今回は2pxの余白を空けるので、padding-rightに33pxを指定してあります。アイコンサイズを変更する場合にはaのpaddingで配置を調整します。

もし、別窓のアイコンを画像で用意する場合にもこのコードは使えます。a::before { }のコードを削除し、a::after { }のコードを次のものに変更します。

```
a::after {
  content: '';
  width: 18px; /*画像のサイズに合わせて値を指定*/
  height: 12px; /*画像のサイズに合わせて値を指定*/
  background-image: url(icon.svg);
  background-size: contain;
  background-repeat: no-repeat;
}
```

11 背景色と角に三角矢印

私たちについて

ポイント

- ✓ ユニークなボタンデザインに合わせた三角矢印の実装方法

コード

HTML

```
<a href="">私たちについて</a>
```

CSS

```
a {
   display: block;
   position: relative; /*三角矢印の配置基準*/
   padding: 30px;
   width: 260px;
   color: #333;
   font-size: 18px;
   font-weight: 700;
   text-decoration: none;
```

```
  background-color: #90be70;
  border-radius: 40px 40px 0 40px; /*角丸を右下の角以外に指定*/
}

a::before { /*三角矢印を擬似要素で表現*/
  content: '';
  position: absolute;
  bottom: 7px;
  right: 7px;
  width: 0; /*三角矢印をborderで表現するため0pxにする*/
  height: 0; /*三角矢印をborderで表現するため0pxにする*/
  border-style: solid;
  border-color: rgba(0 0 0 / 0) rgba(0 0 0 / 0) #2b550e rgba(0 0 0 / 0);
/*三角矢印の向きに合わせて色を指定*/
  border-width: 0 0 14px 14px; /*三角矢印の向きに合わせてサイズを指定*/
}
```

解説

一部だけ丸くない角丸ボタンに三角矢印を組み合わせたボタンデザイン。

一部だけ角丸ではない形状は、border-radiusで指定しています。a { border-radius: 40px 40px 0 40px }のショートハンドを分解すると次のようになります。

- border-left-top-radius: 40px
- border-right-top-radius: 40px
- border-right-bottom-radius: 0px
- border-left-bottom-radius: 40px

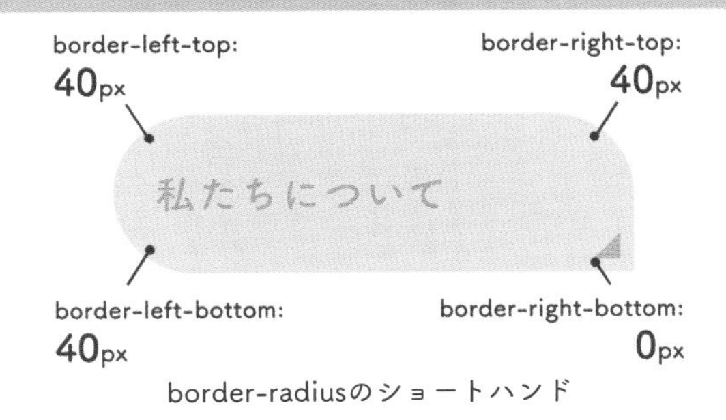

border-radiusのショートハンド

次ページへ

前ページより

部分的に角丸を調整したいときは、該当箇所の値を変更します。

三角形は疑似要素::beforeで表現します。position: absoluteとbottom: 7px、right: 7pxで配置します。疑似要素のサイズをwidthとheightともに0pxを指定するのは三角形をborderで作成するためです。

border-color: rgba(0 0 0 / 0) rgba(0 0 0 / 0) #2b550e rgba(0 0 0 / 0)のショートハンドを分解すると次のようになります。

- border-top-color: rgba(0 0 0 / 0)
- border-right-color: rgba(0 0 0 / 0)
- border-bottom-color: #2b550e
- border-left-color: rgba(0 0 0 / 0)

```
border-color: rgba(0 0 0 / 0) rgba(0 0 0 / 0) #2b550e rgba(0 0 0 / 0)
```

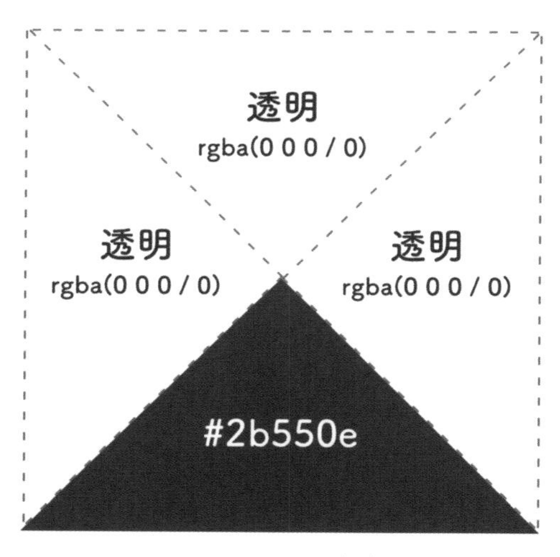

border-colorの指定

要素のサイズを0pxにしたため、borderを指定するとそれぞれ三角形で表示されるようになります。ここではborder-bottom-colorに#2b550eを指定しているので、図のような三角形が表示されます。

border-width: 0 0 14px 14pxでborderの幅を指定します。ショートハンドを分解すると次のとおりです。

- border-top-width: 0
- border-right-width: 0
- border-bottom-width: 14px
- border-left-width: 14px

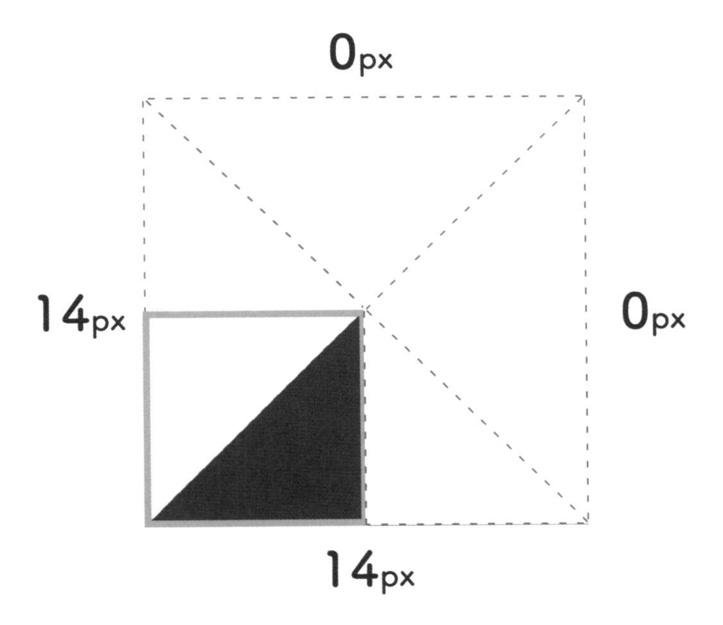

border-colorとborder-widthを
指定した後の状態

border-topとborder-rightの幅は0pxなので表示領域には入りません。border-bottomとborder-leftに14pxを指定しているので、図の緑枠部分が表示領域になります。これで左下を指す三角矢印を表現しています。

12 円とシンプル矢印

私たちについて

ポイント

- ☑ 大きな円を使うがトーンを落とした色を使用することでバランスを調整しているボタンデザイン
- ☑ クリック領域を広く確保することで操作しやすくする

コード

HTML

```html
<a href="">私たちについて</a>
```

CSS

```css
a {
   display: flex; /*テキストとシンプル矢印を横並びにする*/
   justify-content: space-between; /*テキストとシンプル矢印を左右に配置*/
   align-items: center; /*テキストとシンプル矢印を上下中央揃えで配置*/
   position: relative; /*円の位置基準*/
   padding: 30px 39px 30px 0px;
   width: 280px;
   color: #333;
   font-size: 18px;
```

```
  font-weight: 700;
  text-decoration: none;
}

a::before { /*円を擬似要素で表現*/
  content: '';
  position: absolute;
  top: 50%; /*上下中央配置①*/
  right: 0; /*要素右側から0pxの位置に配置*/
  transform: translateY(-50%); /*上下中央配置②*/
  width: 80px;
  height: 80px;
  border: 2px solid #90be70;
  border-radius: 50%;
}

a::after { /*シンプル矢印を擬似要素で表現*/
  content: '';
  width: 8px;
  height: 8px;
  border-top: 3px solid #2b550e; /*シンプル矢印の一辺*/
  border-right: 3px solid #2b550e; /*シンプル矢印の一辺*/
  transform: rotate(45deg); /*45°回転させてシンプル矢印にする*/
}
```

解説

円とシンプル矢印の組み合わせによるデザイン。シンプルながら視認性を上げられます。円とシンプルな矢印を擬似要素で実装します。

シンプル矢印を擬似要素::afterで、widthとheightに同じ値8pxを指定し、正方形をつくります。背景色は未指定にすることで透明にし、border-topとborder-rightに3px solid #2b550eを指定します。transform: rotate(45deg)で45°回転させています。

円は擬似要素::beforeで、シンプル矢印と同様にwidthとheightに同じ値80pxを指定します。border: 2px solid #90be70とborder-radius: 50%で円を作成します。また、position: absoluteにtop: 50%、right: 0、transform: translateY(-50%)で右端の上下中央の位置に配置します。

次ページへ

前ページより

さらに、テキストとシンプル矢印の配置はaタグにFlexboxを指定します。justify-content: space-betweenで左右両端に、align-items: centerで上下中央の位置に配置されるようにしてあります。

また、a { padding: 30px 39px 30px 0 }のpadding-rightで親要素の右側の位置を調整していきます。

```
a { padding-right: 39px }
```

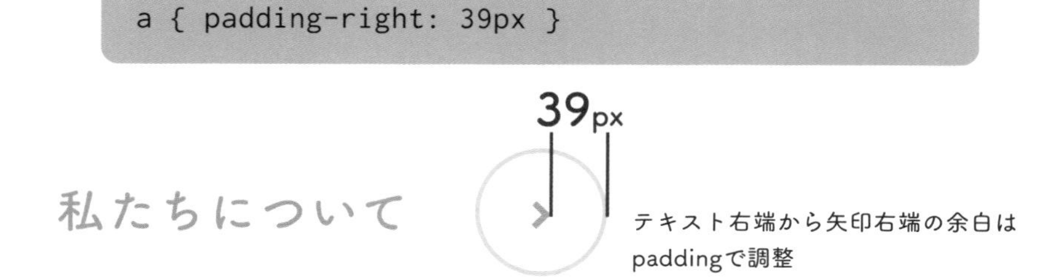

padding-right: 39pxでも配置できるのですが、下図のようにクリック領域が狭くなります。

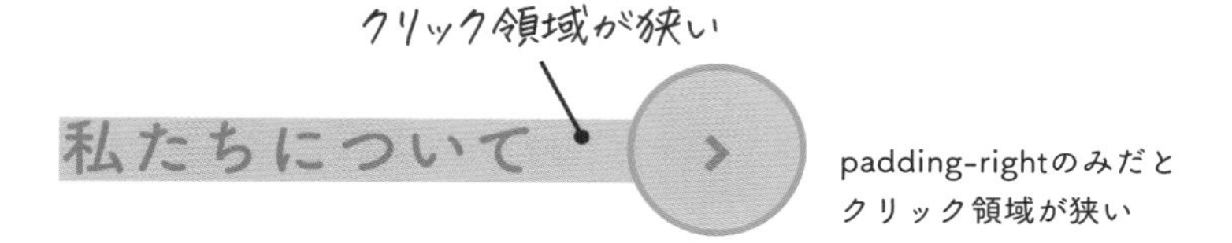

padding-topとpadding-bottomにも余白を指定することで、十分なクリック領域を確保しています。

```
a { padding: 30px 39px 30px 0 }
```

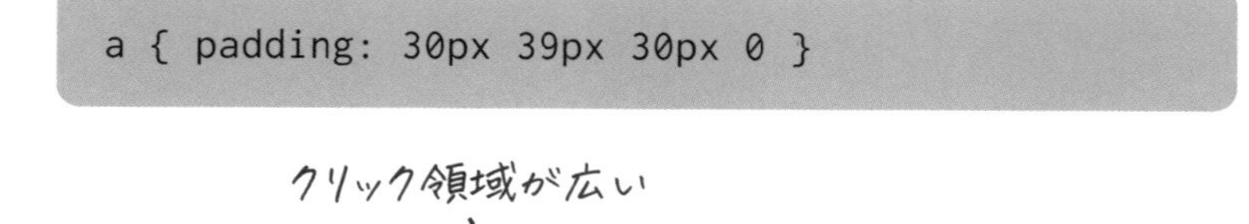

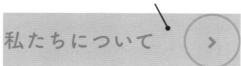

13 歪んだ円とシンプル矢印

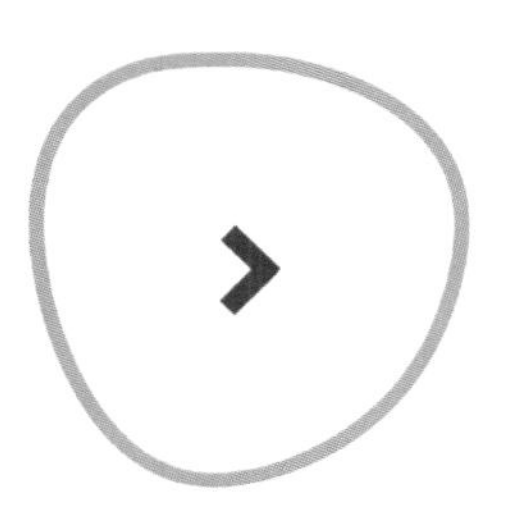

私たちについて

ポイント

☑ 円を歪ませることでかわいらしく柔らかい印象にしたボタンデザイン

コード

HTML
```
<a href="">私たちについて</a>
```

CSS
```
a {
   display: flex; /*テキストとシンプル矢印を横並びにする*/
   justify-content: space-between; /*テキストとシンプル矢印を左右に配置*/
   align-items: center; /*テキストとシンプル矢印を上下中央揃えで配置*/
   position: relative; /*円の位置基準*/
   padding: 30px 0 30px 33px;
   width: 250px;
   color: #333;
   font-size: 18px;
   font-weight: 700;
   text-decoration: none;
```

→ 次ページへ

前ページより

```
}

a::before { /*シンプル矢印を擬似要素で表現*/
   content: '';
   transform: rotate(45deg); /*45°回転させてシンプル矢印にする*/
   width: 8px;
   height: 8px;
   border-top: 3px solid #2b550e; /*シンプル矢印の一辺*/
   border-right: 3px solid #2b550e; /*シンプル矢印の一辺*/
}

a::after { /*歪んだ円を擬似要素で表現*/
   content: '';
   position: absolute;
   top: 50%;
   left: 0;
   transform: translateY(-50%);
   width: 80px;
   height: 80px;
   background-color: rgba(0 0 0 / 0);
   border: 2px solid #90be70;
   border-radius: 40% 60% 60% 40% / 40% 40% 60% 60%; /*円の歪みを
border-radiusで表現*/
}
```

解説

円を歪ませて個性を感じさせるデザイン。シンプル矢印との組み合わせでかわいいボタンデザインする実装する方法です。歪んだ円とシンプルな矢印は疑似要素で表現します。

シンプル矢印を擬似要素::beforeで作成していきます。疑似要素の縦サイズと横サイズ(widthとheight)を8pxと同じ値に指定して正方形を作成します。

背景を未指定にすることで透明にし、border-topとborder-rightにそれぞれ3px solid #2b550eを指定して、transform: rotate(45deg)で45°回転させるとシンプル矢印を表現できます。

歪んだ円を擬似要素::afterで作成していきます。親要素の左端の上下中央の位置に配置するため、position: absoluteとtop: 50%、left: 0、transform: translateY(-50%)を指定します。

横幅widthと縦幅heightに80pxと同じ値を指定し、border: 2px solid #90be70で線を引いていったん正円を作成し、歪みをつけていきます。

```
border-radius: 40% 60% 60% 40% / 40% 40% 60% 60%
```

このコードはショートハンドなので分解してみます。

- border-top-left-radius: 40% 40%;
- border-top-right-radius: 60% 40%;
- border-bottom-right-radius: 60% 60%;
- border-bottom-left-radius: 40% 60%;

border-top-right-radiusを例に挙げて説明します。これは、円の右上部分の角丸を指定するプロパティで、border-top-right-radius: 60% 40%の場合、60%は横幅、40%は縦幅を指定しています。

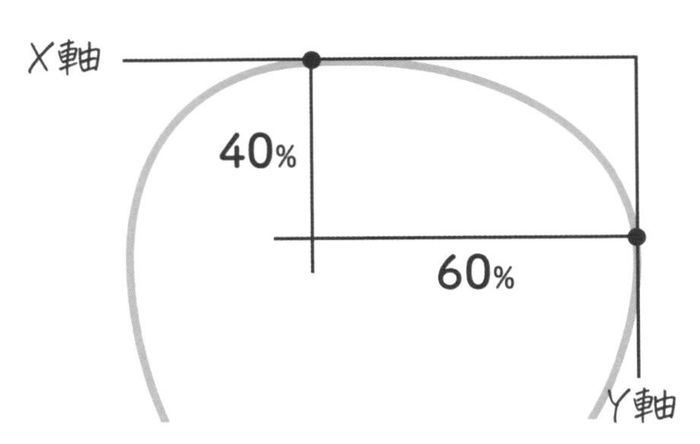

border-top-right-radiusの縦横の値を
変えることで円を歪ませられる

次ページへ

前ページより

%（パーセント）単位で記述していますが、px（ピクセル）単位でももちろん記述できます。

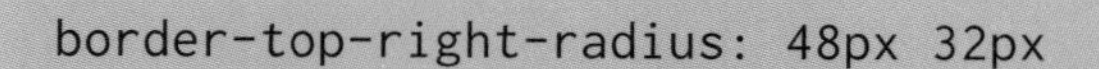
```
border-top-right-radius: 48px 32px
```

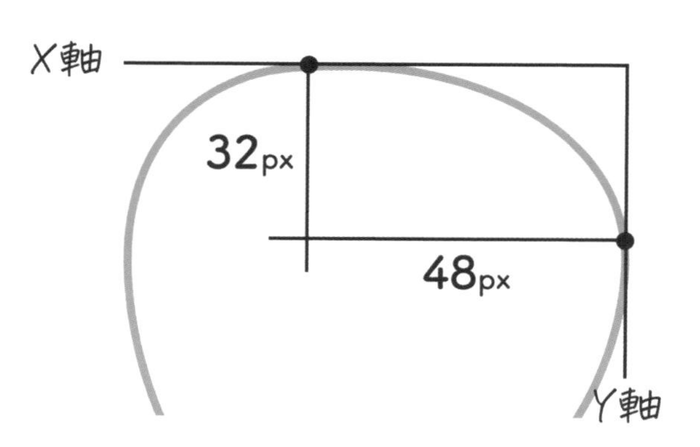

縦横幅80pxの場合の
border-top-right-radius記述例

ただし、この場合は円のサイズを変更するときにborder-radiusの値も変更しなければいけません。円のサイズが変わっても同じ形状で表示させたい場合には、%（パーセント）単位の方が便利です。

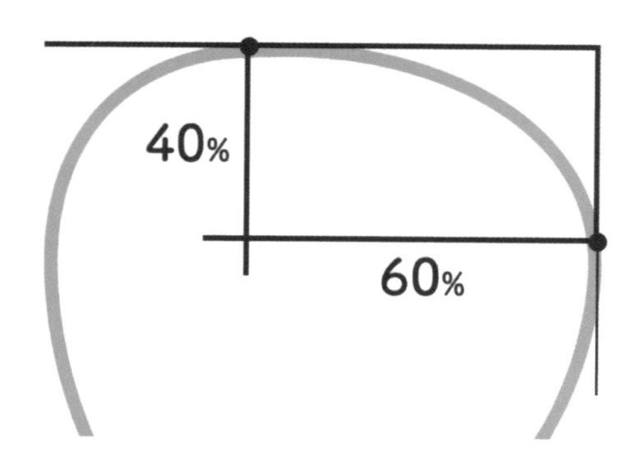

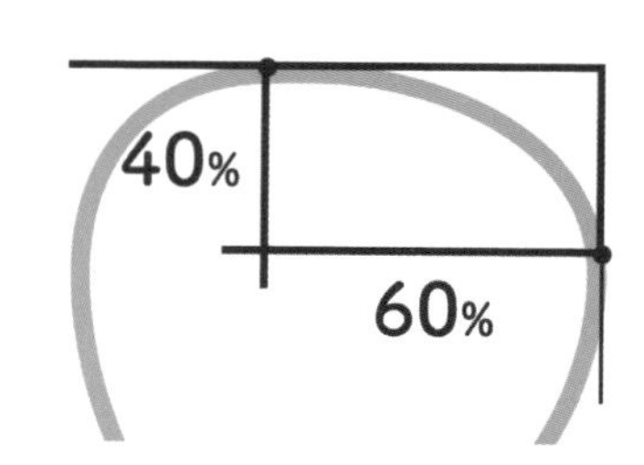

値を%で指定すれば画像サイズが変更されても形状を維持できる

14 テキストに重ねた円とシンプル矢印

ポイント

☑ シンプル矢印つきの円にテキストを重ねたユニークなボタンデザイン

コード

HTML

```
<a href=""><span>私たちについて</span></a>
```

CSS

```
a {
   display: flex; /*テキストとシンプル矢印を横並び*/
   align-items: center; /*テキストとシンプル矢印を上下中央配置*/
   position: relative; /*円の配置基準*/
   padding: 30px 0 30px 33px;
   color: #333;
   font-size: 18px;
   font-weight: 700;
   text-decoration: none;
}
```

次ページへ

前ページより

```
a span {
   position: relative; /*z-indexを効かせるために必要*/
   padding: 10px;
   background-color: #fff; /*背景色に合わせる*/
   z-index: 1; /*重なり順*/
}

a::before { /*シンプル矢印を擬似要素で表現*/
   content: '';
   transform: rotate(45deg); /*45°回転させてシンプル矢印にする*/
   margin-right: 10px;
   width: 8px;
   height: 8px;
   border-top: 3px solid #2b550e; /*シンプル矢印の一辺*/
   border-right: 3px solid #2b550e; /*シンプル矢印の一辺*/
}

a::after { /*円を擬似要素で表現*/
   content: '';
   position: absolute;
   top: 50%; /*上下中央配置*/
   left: 0;
   transform: translateY(-50%); /*上下中央配置*/
   width: 80px;
   height: 80px;
   border: 2px solid #90be70;
   border-radius: 50%;
}
```

解説

シンプルながら視認性の高いボタンデザイン。円とシンプル矢印を擬似要素で実装します。

円は疑似要素::afterで、position: absoluteとtop: 50%、left: 0、transform: translateY(-50%)を指定して、左端の上下中央の位置に配置します。widthとheightに80pxと同じ値を指定し、border: 2px solid #90be70とborder-radius: 50%で正円にします。

シンプル矢印は擬似要素::beforeで、疑似要素のサイズをwidthとheightで同じ値を指定して正方形をつくります。背景色background-colorは透明が初期値なので、未指定にしておきます。

border-topとborder-rightにそれぞれ3px solid #2b550eを指定し、transform: rotate(45deg)で45°回転させます。

シンプル矢印とテキストの配置はFlexboxで指定します。align-items: centerで上下中央の位置に指定。a { padding: 30px 0 30px 33px }でクリック領域を広げるとともに、padding-leftでシンプル矢印の位置を調整しています。円のサイズを変更するときには、paddingの値もあわせて変更します。

paddingでクリック領域を広げるとともに、シンプル矢印の位置を調整

次ページへ

前ページより

また、疑似要素はテキスト部分よりも重なり順が上なので、円と重なるとテキストの上に被ってしまいます。

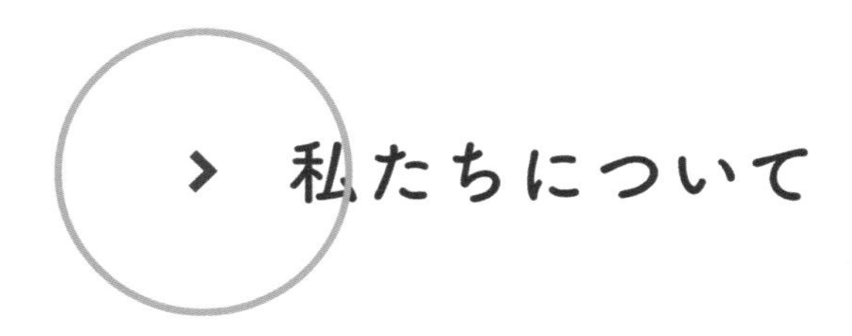

重なり順を指定しないとテキストの上に円が被さってしまう

そのため、テキストをspanで括りposition: relativeとz-index: 1を指定します。

```
a span {
   position: relative;
   z-index: 1;
}
```

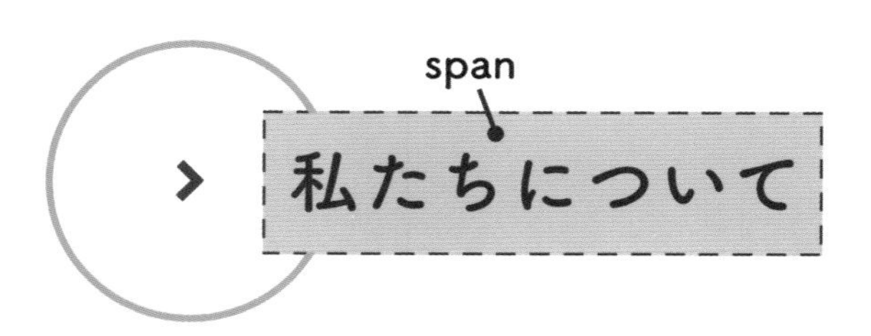

重なり順を指定し、テキストが円の上に表示されるように指定

合わせて、spanに背景色background-color: #fffとpadding: 10pxを指定してテキストと重なった部分（円の一部）の処理をしておくことで視認性がよくなります。

15 円と線

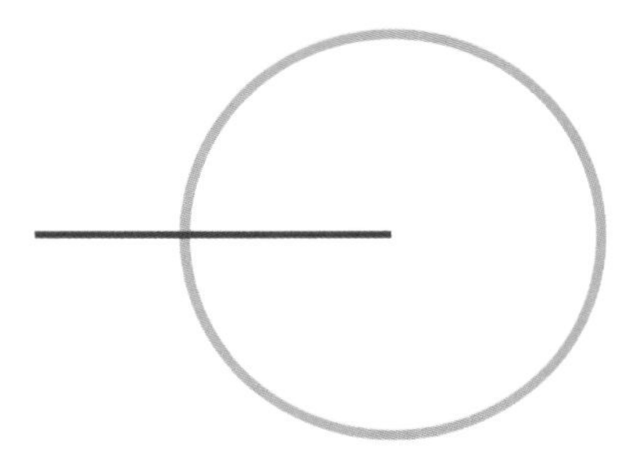

ポイント

- ✓ 近年見かけることが出てきた円と線を組み合わせたボタンデザイン
- ✓ シンプルながら視認性が高くかわいいアイコン
- ✓ 矢印だけなくリストマークとしても使える

コード

HTML
```
<a href="">私たちについて</a>
```

CSS
```
a {
   display: flex; /*テキストと線を横並び*/
   justify-content: space-between; /*テキストと線を左右両端揃え*/
   align-items: center; /*テキストと線を上下中央配置*/
   position: relative; /*円の配置基準*/
   padding: 30px 39px 30px 0;
   width: 280px;
   color: #333;
```

→ 次ページへ

前ページより

```
    font-size: 18px;
    font-weight: 700;
    text-decoration: none;
}

a::before { /*円を擬似要素で表現*/
    content: '';
    position: absolute;
    top: 50%; /*上下中央配置*/
    right: 0; /*要素右側から0pxの位置に配置*/
    transform: translateY(-50%); /*上下中央配置*/
    width: 80px;
    height: 80px;
    border: 2px solid #90be70;
    border-radius: 50%;
}

a::after { /*線を擬似要素で表現*/
    content: '';
    width: 70px;
    height: 2px;
    background-color: #2b550e;
    z-index: 1;
}
```

解説

シンプルな要素の組み合わせながらかわいいボタンデザイン。

円を疑似要素::beforeで実装していきます。width: 80pxとheight: 80pxで正方形を作成し、border: 2px solid #90be70で線を引き、border-radius: 50%で正円にします。

配置はposition: absoluteにtop: 50%、right: 0、transform: translateY(-50%)で右端の上下中央の位置に指定しています。

線を擬似要素::afterで実装します。width: 70pxとheight: 2px、背景色background-color: #2b550eを指定することで線を表現します。

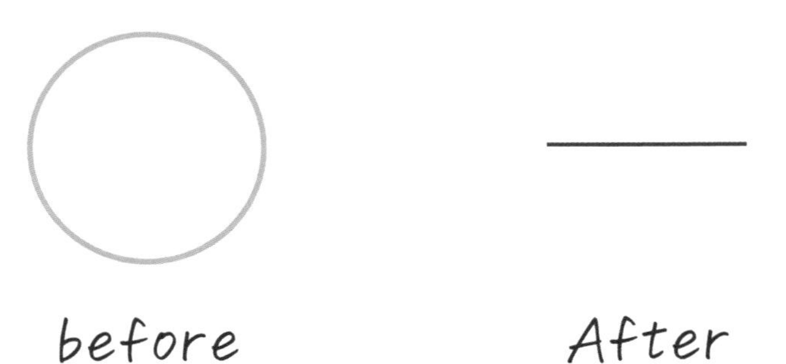

テキストと線はFlexboxで配置します。justify-content: space-betweenで要素の両端へ、align-items: centerで要素の上下中央の位置に指定します。

要素の右内側の余白(padding-left)を調整することで線の位置を調整しています。

```
a { padding: 30px 40px 30px 0 }
```

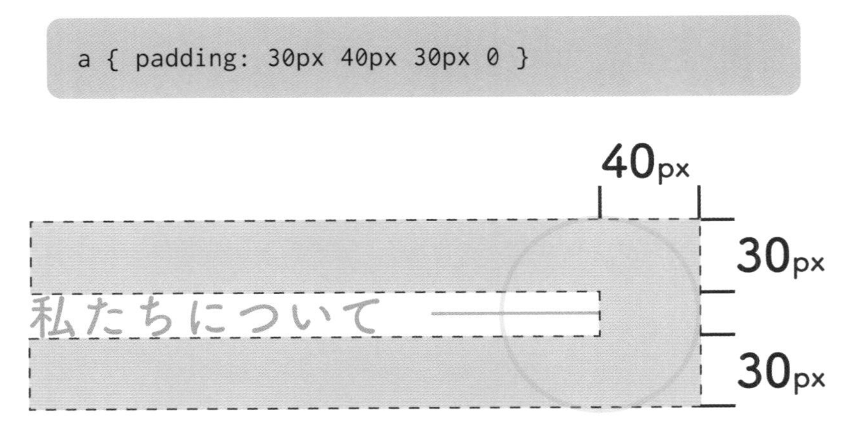

線の右端が円の中央に位置するようにpaddingで調整

また、paddingでtopやbottomにも値を指定するとクリック範囲が広がるので、ユーザーが操作しやすくなります。

コラム「Google Fonts Iconsを利用したアイコン」

本書ではボタンに付与するアイコンを擬似要素で実装していますが、Google Fontsが提供しているマテリアルアイコンをアイコンフォントとして使用できるGoogle Fonts Iconsも実装に役立ちます。

執筆時点（2022年1月）で18カテゴリ1300以上のアイコンが用意されているので、サイト制作で使うには十分なボリューム。

また、「Outlined」「Filled」「Rounded」「Sharp」「Two tone」の5つのスタイルがあり、サイトのテイストに合わせて集められます。

・Outlined

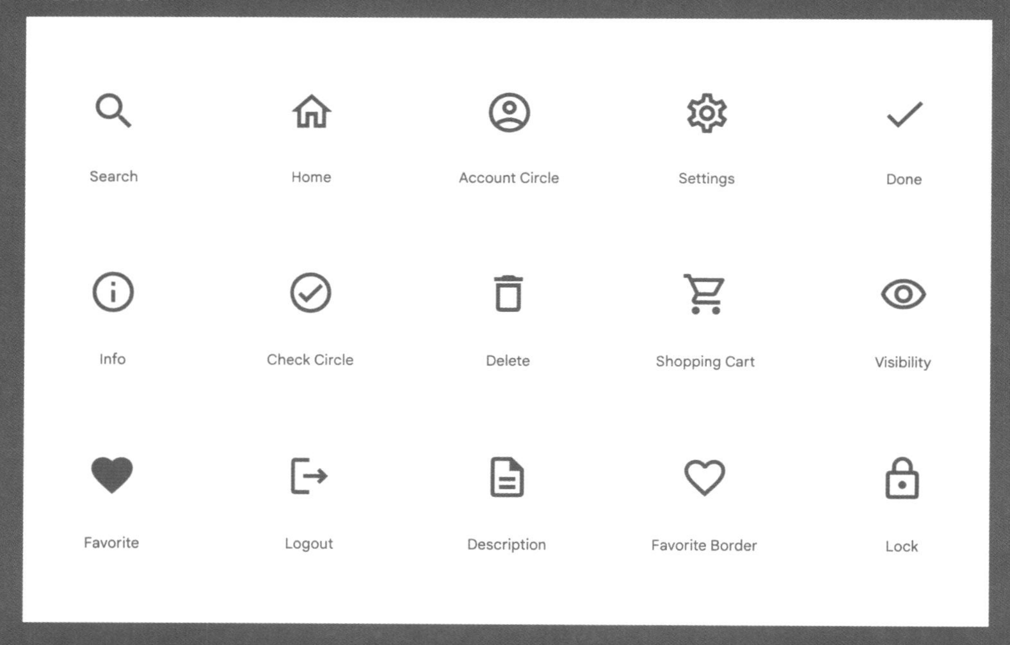

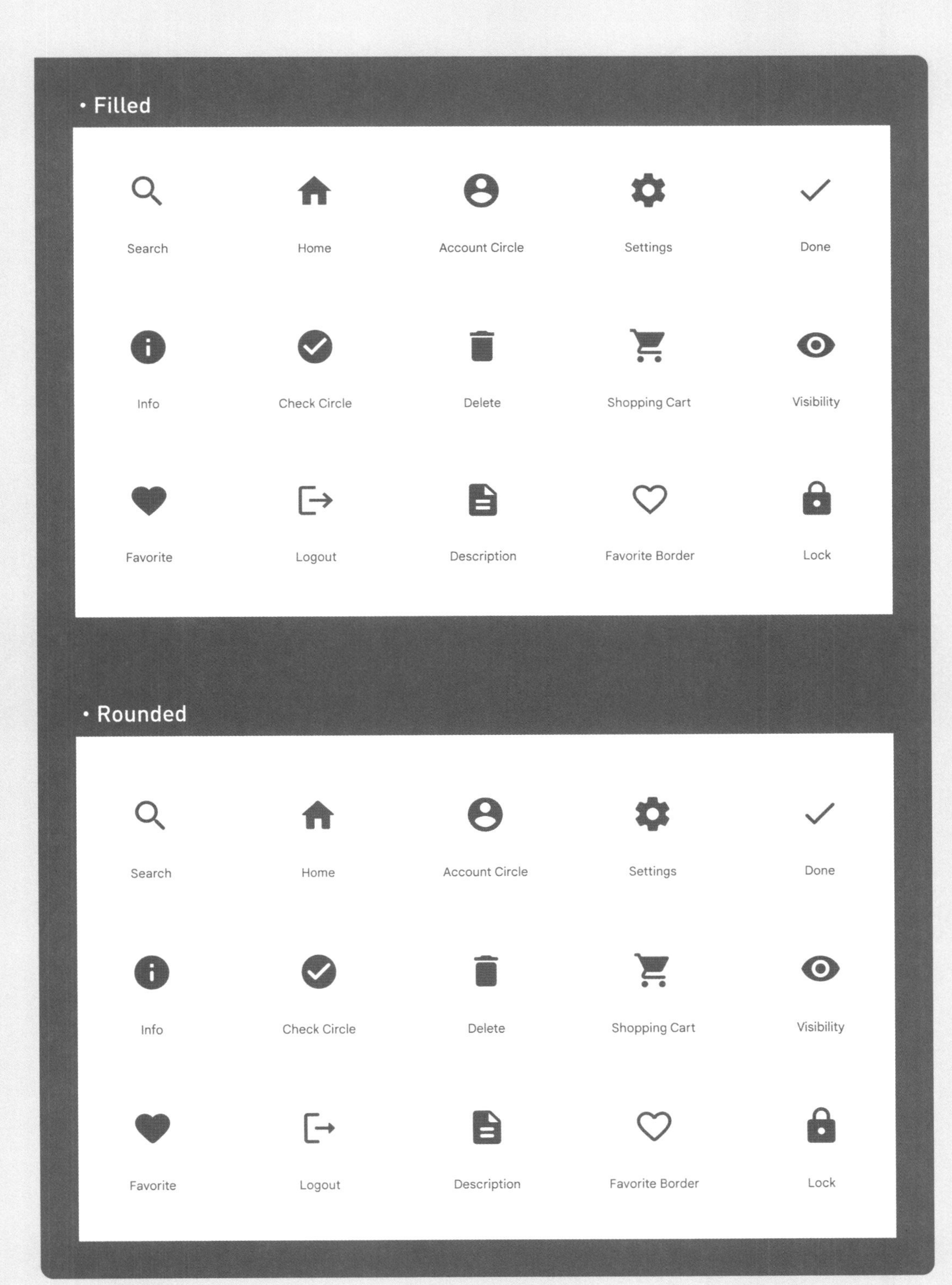
• Filled
Search
Home
Account Circle
Settings
Done
Info
Check Circle
Delete
Shopping Cart
Visibility
Favorite
Logout
Description
Favorite Border
Lock
• Rounded
Search
Home
Account Circle
Settings
Done
Info
Check Circle
Delete
Shopping Cart
Visibility
Favorite
Logout
Description
Favorite Border
Lock

次ページへ

前ページより

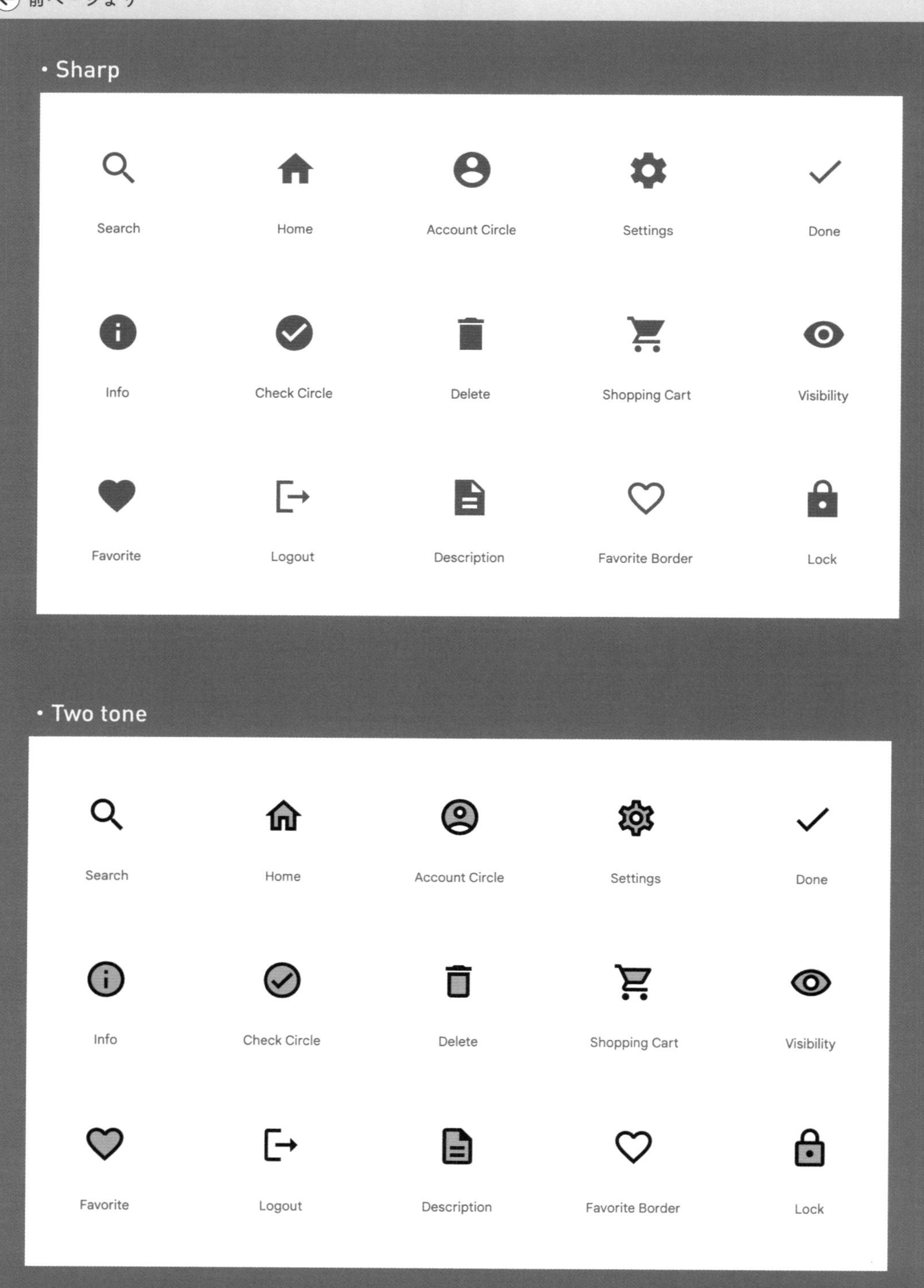

• Sharp
Search
Home
Account Circle
Settings
Done
Info
Check Circle
Delete
Shopping Cart
Visibility
Favorite
Logout
Description
Favorite Border
Lock
• Two tone
Search
Home
Account Circle
Settings
Done
Info
Check Circle
Delete
Shopping Cart
Visibility
Favorite
Logout
Description
Favorite Border
Lock

Google Fonts Iconsの使い方

一番簡単なGoogle Fonts経由で導入する方法を紹介します。

HTMLに下コードを追加し、読み込みます。

コード

HTML - head内
```
<link href="https://fonts.googleapis.com/
icon?family=Material+Icons" rel="stylesheet">
```

Google Fonts Iconsサイト（https://fonts.google.com/icons）からアイコンを選択し、HTMLタグをコピーします。

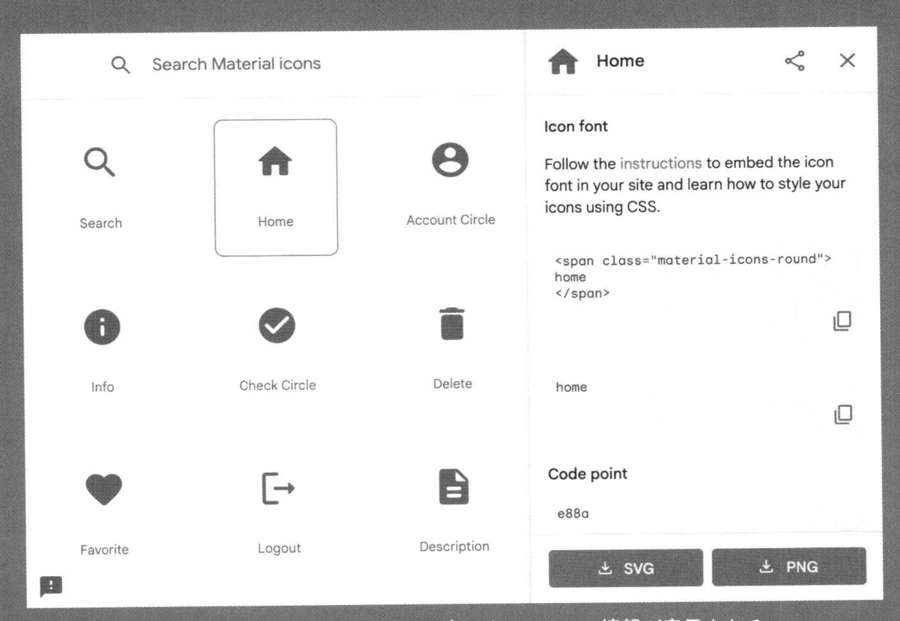

アイコンを選択するとHTMLタグなどのアイコン情報が表示される

コード

HTML - body内の任意の位置
```
<span class="material-icons">home</span>
```

→ 次ページへ

前ページより

任意の場所にHTMLタグを記述すれば、アイコンが表示されます。

アイコンのスタイルによって読み込むスタイルシートやHTMLタグのclass名が変わるので注意が必要です。

コード

```
<!-- Baseline -->
<link href="https://fonts.googleapis.com/
css2?family=Material+Icons" rel="stylesheet">
<span class="material-icons">home</span>

<!-- Outline -->
<link href="https://fonts.googleapis.com/css2?family=Materia
l+Icons+Outlined" rel="stylesheet">
<span class="material-icons-outlined">home</span>

<!-- Round -->
<link href="https://fonts.googleapis.com/css2?family=Materia
l+Icons+Round" rel="stylesheet">
<span class="material-icons-round">home</span>

<!-- Sharp -->
<link href="https://fonts.googleapis.com/css2?family=Materia
l+Icons+Sharp" rel="stylesheet">
<span class="material-icons-sharp">home</span>

<!-- Twotone -->
<link href="https://fonts.googleapis.com/css2?family=Materia
l+Icons+Two+Tone" rel="stylesheet">
<span class="material-icons-two-tone">home</span>
```

ボタンに限らず、コンテンツやナビゲーションにも使えるものも多いので、選択肢の1つとしてストックしておくと便利です。

Chapter

4

レイアウト

Webコンテンツの可読性をよくするために必要なレイアウトコーディング。現場でもよく見かける配置を短いコードで実装していきます。

1 Flexboxレイアウト

1-1 横並び1行レイアウト

横並び見出し

横並びレイアウトを
Flexboxで実装します。

横並び見出し

横並びレイアウトを
Flexboxで実装します。

横並び見出し

横並びレイアウトを
Flexboxで実装します。

ポイント

- ✓ 子要素の数が固定された横並びレイアウトはFlexboxを使うとコード短縮化が図れる
- ✓ レスポンシブ対応がかんたんにできる

コード

HTML

```
<div class="wrap">
   <div class="item">
      <img src="picture01.jpg" alt="パソコンを前に談笑している写真">
      <h2>横並び見出し</h2>
      <p>横並びレイアウトをFlexboxで実装します。</p>
   </div>
   ︙（繰り返し）
</div>
```

```
CSS
.wrap {
   display: flex; /*横並び*/
   justify-content: space-between; /*左右両端揃え*/
}

.item {
   padding: 30px;
   width: 32%;
   background-color: #d6d6d6;
   border-radius: 10px;
}
```

解説

カードUIでよくある、横並び1行レイアウトのFlexbox実装。同じ横幅のカードを等間隔で配置するもので、間の余白ももちろん等間隔。これを使う機会は多いので、確実に身につけておきたい実装方法です。

justify-contentで子要素の水平方向の配置を指定できます。space-betweenは親要素の両端を基準に等間隔で要素を配置します。

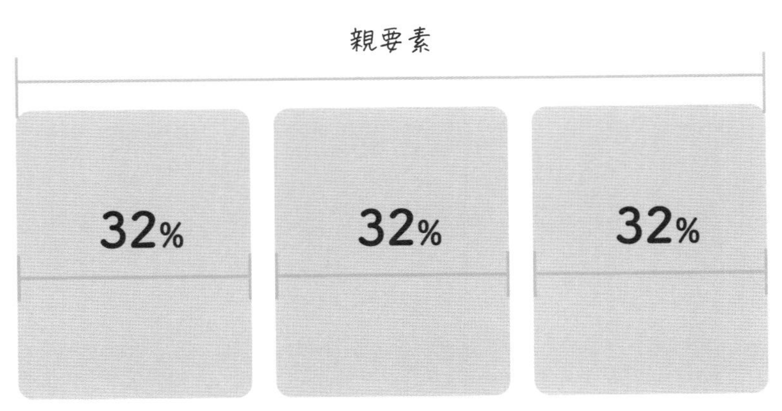

justify-content: space-betweenと指定して、
親要素の両端を基準に等間隔に配置

注意点

このコードは子要素の数が固定された場合に使用できます。例えば、要素が3つから2つに変更になると、子要素が両端基準で配置されているので要素が左右端に配置されてしまいます。すると、中央に大きな空白ができるので意図しないデザインになってしまう可能性があります。

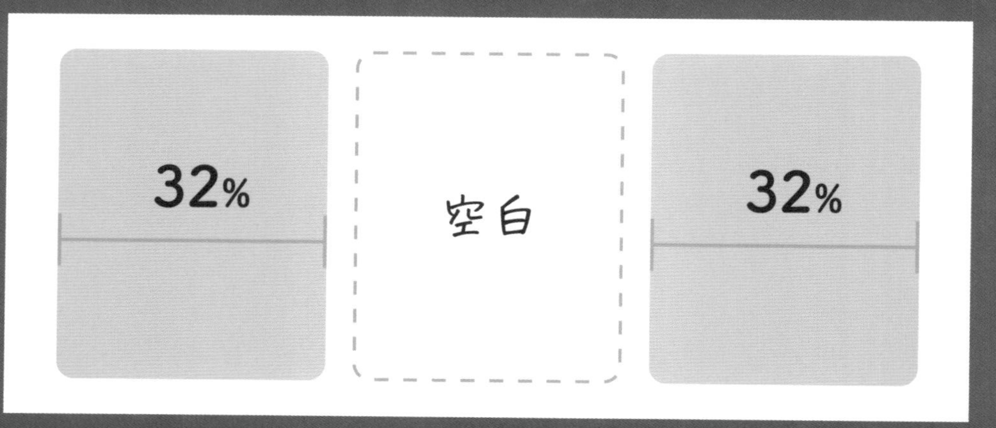

子要素が2つなると中央に空白ができてしまう

また、要素が1つになると左端に配置されます。

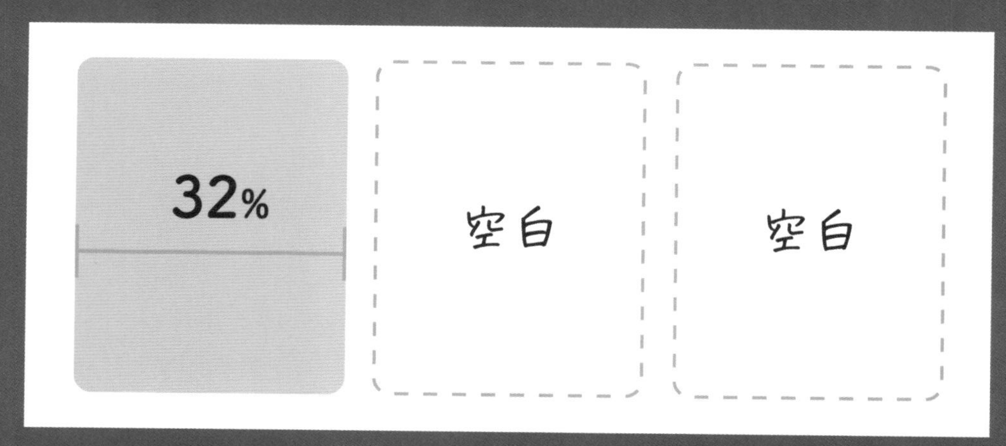

子要素が1つの場合は左端に配置される

子要素の数が固定であれば問題ないのですが、数の変更が想定されるのであれば、数が変わった後のレイアウトは確認しておいた方がよいでしょう。

1-2　横並び複数行レイアウト

横並び見出し

横並びレイアウトを
Flexboxで実装します。

横並び見出し

横並びレイアウトを
Flexboxで実装します。

横並び見出し

横並びレイアウトを
Flexboxで実装します。

横並び見出し

横並びレイアウトを
Flexboxで実装します。

横並び見出し

横並びレイアウトを
Flexboxで実装します。

横並び見出し

横並びレイアウトを
Flexboxで実装します。

ポイント

- ☑ 複数行の横並びレイアウトはFlexboxを使うとコード短縮化が図れる
- ☑ 擬似クラスを使用したmarginでの余白設定を覚えておくと応用が効くのでおすすめ
- ☑ レスポンシブ対応が容易にできる

コード

HTML

```
<div class="wrap">
   <div class="item">
      <img src="pic01.jpg">
      <h2>横並び見出し</h2>
      <p>横並びレイアウトをFlexboxで実装します。</p>
   </div>

   <div class="item">
      <img src="pic02.jpg">
      <h2>Flexboxで実装できるレイアウト</h2>
      <p>横並びレイアウトをFlexboxで実装します。</p>
   </div>

   <div class="item">
```

次ページへ

前ページより

```
        <img src="pic03.jpg">
        <h2>Flexboxで実装できるレイアウト</h2>
        <p>横並びレイアウトをFlexboxで実装します。</p>
    </div>

    <div class="item">
        <img src="pic04.jpg">
        <h2>Flexboxで実装できるレイアウト</h2>
        <p>横並びレイアウトをFlexboxで実装します。</p>
    </div>
    …（繰り返し）
</div>
```

CSS

```
.wrap {
    display: flex; /*横並び*/
    flex-wrap: wrap; /*折り返し*/
}

.item {
    padding: 30px;
    width: 32%;
    background-color: #d6d6d6;
    border-radius: 10px;
}

.item:not(:nth-child(3n+3)) { /*3の倍数以外の.itemに指定*/
    margin-right: 2%;
}

.item:nth-child(n+4) { /*4つ目以降の.itemに指定*/
    margin-top: 30px;
}
```

解説

複数行のレイアウトに対応したFlexboxを使ったカードデザイン。

3つの子要素を横並びに配置し、かつ、子要素の数が5つや7つなど3の倍数ではない数であっても親要素の左側を基準に並びます。子要素の数を増加していくブログ記事のカードUIで使用することが多いコードです。

display: flexとwidth: 32%で横並びに、flex-wrap: wrapを使って親要素の横幅を超えた子要素は折り返しされるようにすることで複数行のレイアウトが実装できます。

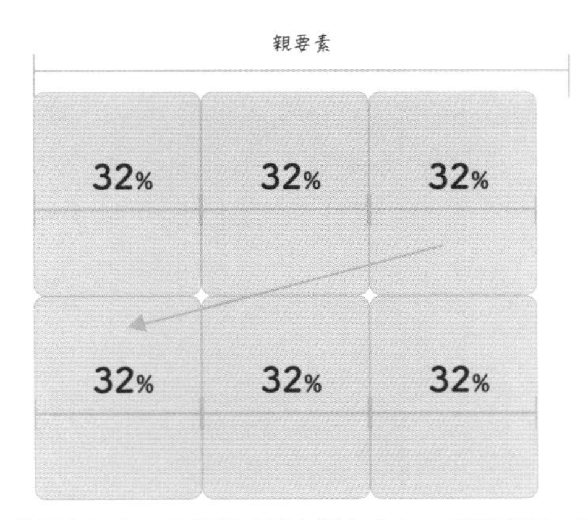

親要素の横幅を超えた子要素は折り返しされるが要素間の余白がない

ただし、左端を基準に余白なしで並んでしまうので、サンプルのように余白を設定していく必要があります。

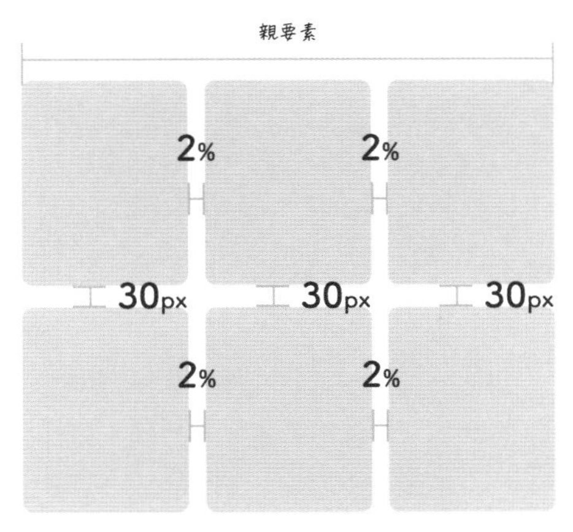

子要素間で擬似クラスを活用して余白をつける

→ 次ページへ

前ページより

子要素間の横の余白はmargin-right: 2%を指定します。
:not(:nth-child(3n+3))は子要素の中で3の倍数の要素に指定するときに使う擬似クラスですが、:not()の否定擬似クラスも併用しているので、3の倍数の要素以外の要素（1番目や2番目、5番目など）へmargin-right: 2%が適用されるようになります。

子要素間の縦の余白はmargin-top: 30pxを指定します。
.item:nth-child(n+4)で4番目以降の子要素にmargin-top: 30pxを指定して、縦の余白を空けています。

gapを使った余白のとり方

先の方法で余白を空けることは可能ですが、PC・スマホ・タブレットの画面を考慮したレイアウトにするレスポンシブ対応を行うとどうしてもコードが長くなってしまいます。そんなときはgapを使うとコードの短縮化を図れます。

コード

CSS

```
.wrap {
   display: flex; /*横並び*/
   flex-wrap: wrap; /*折り返し*/
   gap: 30px; /*小要素の間のみに余白*/
}

.item {
   padding: 30px;
   width: calc((100% - 30px * 2) / 3); /*子要素の横幅を計算する式*/
   background-color: #d6d6d6;
}
```

gapは要素間の余白を指定するコードです。要素間以外の余白が不要な箇所は反映されないので、先に使用した擬似クラスを利用するコードは不要になります。

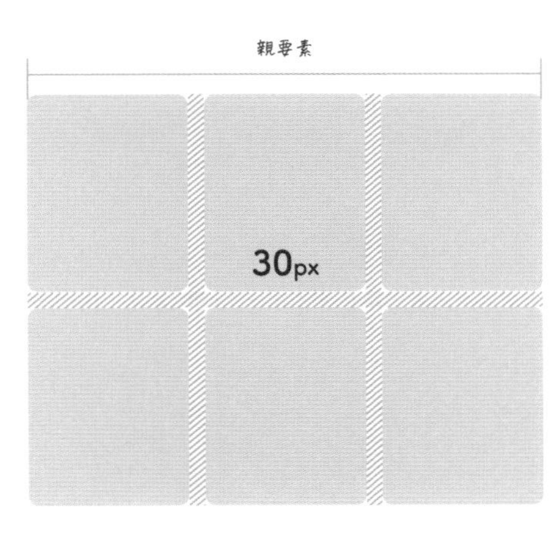

gapで指定すると要素間だけに余白を指定できる

注意点

gapのSafariブラウザサポートはPC Safari14.1、iOS Safari14.8以降です。2021年4月以降にブラウザのアップデートをしていないと適用されないので、ユーザーに合わせて擬似クラスかgapかを判断することが望ましいです。

1-3　グローバルナビゲーション

About
私達について

Service
サービス

Price
料金

Contact
お問い合わせ

ポイント

- ✓ 2行だけで横並びナビゲーションが実装できる
- ✓ 主にPC表示時での実装になるが、スマホ表示時の2列で並べる際にも使える

コード

HTML

```html
<ul>
   <li><a href=""><span>About</span>私たちについて</a></li>
   <li><a href=""><span>Service</span>サービス</a></li>
   <li><a href=""><span>Price</span>料金</a></li>
   <li><a href=""><span>Contact</span>お問い合わせ</a></li>
</ul>
```

CSS

```css
ul {
   display: flex; /*横並び*/
   justify-content: space-between; /*左右両端揃え*/
   width: 800px;
   list-style: none;
}
```

```
li {
   width: 25%;
   border-left: 1px solid #5b8f8f;
}

li:last-child {
   border-right: 1px solid #5b8f8f;
}

li a {
   display: flex;
   flex-direction: column; /*Flexアイテムを縦並びにする*/
   padding: 10px 0;
   color: #333;
   font-size: 18px;
   font-weight: 700;
   text-align: center;
   text-decoration: none;
   line-height: 1.6;
}

li a span {
   color: #5b8f8f;
   font-size: 13px;
}
```

解説

ヘッダーによくある横並びナビゲーションのレイアウトのFlexbox実装します。スマホはハンバーガーメニューに切り替えることが多いので、主にPCでの表示時に使います。

日本語がメイン、英字のあしらいをつけて縦並び、中央寄せをFlexboxで実装します。display: flexとjustify-content: space-between、width: 25%で横並びレイアウトを実装。英字と日本語はflex-direction: columnを使って子要素を上下に並べて配置し、text-align: centerで要素内のテキストを中央配置にしています。

About私達について　＞　About 私達について

1-4　ヘッダーレイアウト

LOGO　　Service サービス　Price 料金　Contact お問い合わせ

ポイント

- ☑ よく見かけるロゴとナビゲーションの横並びをFlexboxで実装する
- ☑ 至るところで使うこのレイアウト実装方法は是非とも覚えておきたい

コード

HTML

```
<div class="wrap">
   <div class="logo"><img src="logo.svg"></div>

   <ul>
      <li><a href=""><span>Service</span>サービス</a></li>
      <li><a href=""><span>Price</span>料金</a></li>
      <li><a href=""><span>Contact</span>お問い合わせ</a></li>
   </ul>
</div>
```

CSS

```
.wrap {
   display: flex; /*横並び*/
   justify-content: space-between; /*左右両端揃え*/
   align-items: center; /*上下中央揃え*/
```

```
  width: 1000px; /*ヘッダーの横幅*/
}

.logo {
  width: 200px; /*ロゴの横幅*/
}

.logo img {
  display: block;
  max-width: 100%;
  height: auto;
}

ul {
  display: flex; /*横並び*/
  justify-content: flex-end; /*Flexアイテムを末尾に寄せる*/
  flex: 1; /*空きスペースを埋めるようにナビゲーションを配置*/
  list-style: none;
}

li:not(:last-child) { /*最後のli以外に指定*/
  margin-right: 50px;
}

li a {
  display: flex;
  flex-direction: column; /*Flexアイテムを縦並びにする*/
  color: #111;
  font-weight: 700;
  text-align: center;
  text-decoration: none;
  line-height: 1.6;
}

li a span {
  color: #5b8f8f;
  font-size: 13px;
}
```

解説

よく使うヘッダーレイアウトであるロゴとナビゲーションの横並び配置もFlexboxで実装します。

.logo { width: 200px }でロゴの横サイズを固定し、ul { flex: 1 }でそれ以外（ナビゲーションと余白部分）の横サイズを指定します。flexプロパティはflex-grow、flex-shrink、flex-basisのショートハンドです。flex: 1と単位なしの値を1つ記述することでflex-growが適用され、ロゴ要素を抜かした空きスペースに引き伸ばされて配置されます。

ナビゲーション部分にflex: 1を指定するとレスポンシブ対応ができる

align-items: centerで、親要素かサイズの大きい子要素を基準とした上下中央揃えにしています。

```
align-items: center
```

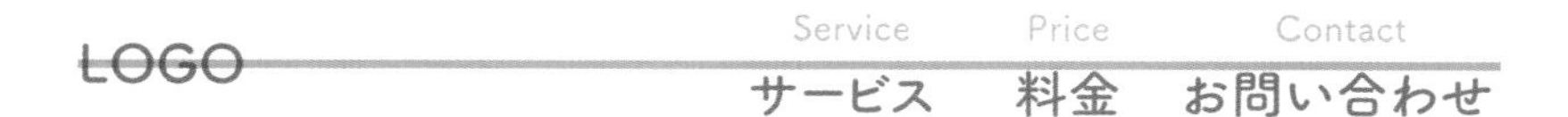

親要素かサイズの大きい子要素を基準とした上下中央揃え

また、ulに、justify-content: flex-endで行の最後（行末）を基準にして並ぶように指定します。

```
justify-content: flex-end
```

行の最後を基準に最後の子要素から順番に並ぶ

li:not(:last-child)と否定疑似クラスを使い、最後の子要素を抜かした要素にmargin-right: 50pxを指定し、左右間の余白を実装してあります。

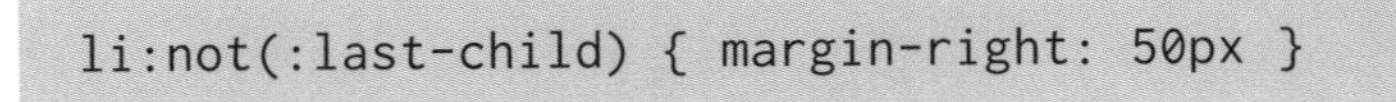

リスト子要素（li）の右側に余白50pxを指定し、最後の要素だけ余白なし

否定擬似クラス :not()は、余白やborderなどレイアウトや装飾をする際によく使用するコードなので覚えておくことをおすすめします。

1-5　パンくずリスト

<u>Top</u>　●　<u>サービス</u>　●　Web制作

ポイント

- ☑ 単調になりがちなパンくずリストの印象を変えるデザイン
- ☑ 項目が増えても対応可能

コード

HTML

```
<ol>
   <li><a href="">Top</a></li>
   <li><a href="">サービス</a></li>
   <li>Web制作</li>
</ol>
```

CSS

```
ol {
   display: flex;
   align-items: center;
   flex-wrap: wrap;
   list-style: none;
}

li:not(:last-child) {
```

```
  margin-right: 30px;
}

li:not(:last-child):after { /*最後のli以外に指定*/
  content: '';
  display: inline-block;
  margin-left: 30px;
  width: 12px;
  height: 12px;
  background-color: #5b8f8f;
  border-radius: 50%;
}
```

解説

単調なデザインになりがちなパンくずリストにポップな印象をつけるデザイン。これをFlexboxで実装していきます。

display: flexとalign-items: centerで要素の左側を基準とした横並びで、上下中央に配置されます。対象はテキスト（リンク）だけではなく、丸の区切りも含まれます。

align-items: center

Top サービス Web制作

align-items: center でテキストと丸の区切りが上下中央の位置に並ぶ

li:not(:last-child) { margin-right: 30px }の否定擬似クラスを使用して、最後の子要素以外に余白を指定します。

次ページへ

前ページより

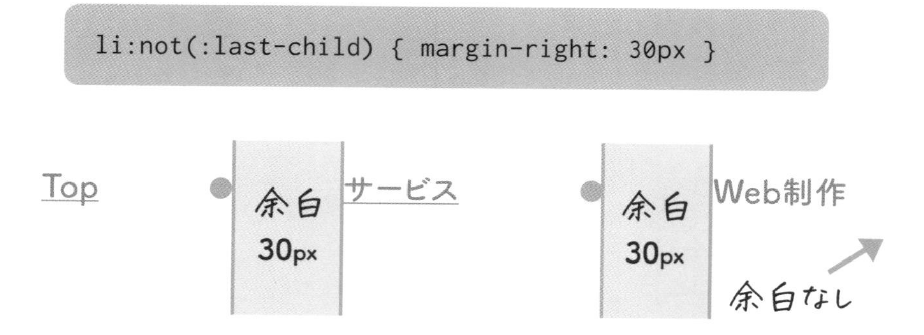

リスト子要素（li）ごとの余白を最後の子要素以外に指定

li:not(:last-child):after {}の否定擬似クラスで丸の区切りを表現します。display: inline-blockを指定することでテキストと横並びになり、li:not(:last-child):after { margin-left: 30px }で丸の区切りと前要素テキストとの間に余白を指定します。

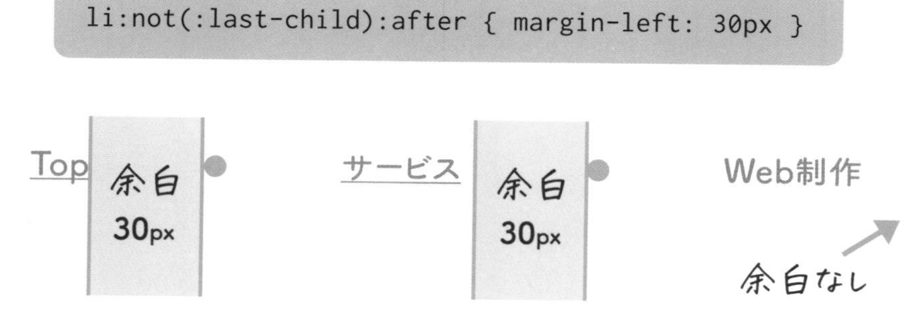

丸の区切りと前要素テキストとの間に余白を指定

1-6 ページネーション

前へ 1 2 3 4 次へ

ポイント

- ✓ 丸みのあるかわいいボタンをFlexboxで実装する
- ✓ レスポンシブ対応が容易にできる

コード

HTML

```
<ol>
   <li><a href="">前へ</a></li>
   <li><span>1</span></li>
   <li><a href="">2</a></li>
   <li><a href="">3</a></li>
   <li><a href="">4</a></li>
   <li><a href="">次へ</a></li>
</ol>
```

CSS

```
ol {
   display: flex; /*横並び*/
   justify-content: center; /*左右中央揃え*/
   align-items: center; /*上下中央揃え*/
   flex-wrap: wrap; /*折り返し指定*/
```

→ 次ページへ

前ページより

```
  list-style: none;
}

li:not(:last-child) { /*最後のli以外に指定*/
  margin-right: 10px;
}

li a {
  display: block;
  padding: 20px;
  color: #111;
  text-decoration: none;
  line-height: 1;
  background-color: #e6e6e6;
  border: 2px solid #5b8f8f;
  border-radius: 10px;
}

li span {
  display: block;
  padding: 20px;
  color: #f2f2f2;
  line-height: 1;
  background-color: #5b8f8f;
  border: 2px solid #5b8f8f;
  border-radius: 10px;
}
```

解説

シンプルでスマホでも操作しやすく、丸みのあるボタンがかわいいページネーションデザイン。投稿の一覧ページでは必ずといってもいいくらい実装するページネーションもFlexboxで実装できます。

左右中央に配置されるようにdisplay: flexとjustify-content: centerを指定します。

justify-content: centerで左右中央配置

ページが増えることでリンクの数が増えても対応できるように、flex-wrap: wrapで親要素のサイズを超えたら折り返しされるように指定しておきます。

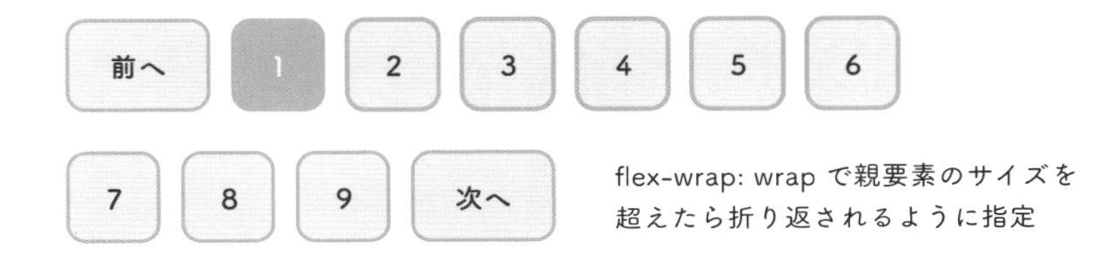

ページネーションの仕様によってはすべてのリンクを表示させず、省略する場合もあるので、あらかじめ仕様を確認しておくとよいでしょう。

紹介したコードはリンクを省略する場合にも対応

コード

HTML

```
<ol>
   <li><a href="">前へ</a></li>
   <li><span>1</span></li>
   <li><a href="">2</a></li>
   <li><a href="">3</a></li>
   <li><a href="">4</a></li>
   <li>…</li>
   <li><a href="">次へ</a></li>
</ol>
```

<li>…</li>を追加しても余白と配置を揃えてきれいに並べられます。

1-7　横並びコンテンツの上下中央配置

上下中央に配置します

写真と横並びになった文章を上下中央に配置させます。文章量が少なく、複数箇所に配置させる時に全体のバランスがとれるので効果的です。

ポイント

- ✓ 画像と文章の横並びを上下中央の位置に配置させるよくあるレイアウトの実装方法
- ✓ 見出し含めた文章の高さはレスポンシブ対応でpaddingなどによる細かい調整は不要

コード

HTML

```
<div class="wrap">
   <div class="image">
      <img src="picture.jpg" alt="提案している様子の写真">
   </div>

   <div class="text">
      <h2>上下中央に配置します</h2>
      <p>写真と横並びになった文章を上下中央に配置させます。文章量が少なく、複数箇所に配置させるときに全体のバランスがとれるので効果的です。</p>
   </div>
</div>
```

CSS
```
.wrap {
   display: flex; /*横並び*/
   align-items: center; /*上下中央配置*/
   width: 600px;
}

.image {
   width: 50%;
}

.text {
   padding: 0 30px; /*テキストの左右余白*/
   width: 50%;
}

img {
   display: block;
   width: 100%;
   height: auto;
   border-radius: 10px;
}
```

解説

画像とテキストを横に並べて配置するレイアウト。テキストを写真の上下中央に配置するデザインもFlexboxで実装します。

display: flexと画像とテキストを包括する要素にwidth: 50%を指定し、横並びに配置。

display: flex と子要素に50%ずつ指定して横並びに

次ページへ

前ページより

align-items: centerで親要素、もしくはサイズの大きい子要素の縦サイズを基準として上下中央寄せに配置します。

align-items: center で上下中央の位置に配置

テキストの左右余白はpadding: 0 30pxで調整していますが、デザインによってはpadding-left: 30pxなど左側だけに余白を指定するときもあるので、仕様に合わせて指定してください。

1-8 横並びコンテンツの偶数番目のレイアウト変更

上下中央に配置します

写真と横並びになった文章を上下中央に配置させます。

上下中央に配置します

写真と横並びになった文章を上下中央に配置させます。

ポイント

- ✓『横並びコンテンツの上下中央配置』のコードに数行追加で実装できる
- ✓ 偶数番目や奇数番目にスタイルを適用する擬似クラスはよく利用するので覚えておくと便利

コード

HTML

```
<div class="wrap">
   <div class="image">
      <img src="picture.jpg" alt="打ち合わせ中の写真">
   </div>

   <div class="text">
      <h2>上下中央に配置します</h2>
      <p>写真と横並びになった文章を上下中央に配置させます。</p>
   </div>
</div>

<div class="wrap">
   <div class="image">
      <img src="picture.jpg" alt="メンバーでモニターを見ている写真">
```

➔ 次ページへ

前ページより

```
    </div>

    <div class="text">
        <h2>上下中央に配置します</h2>
        <p>写真と横並びになった文章を上下中央に配置させます。</p>
    </div>
</div>
```

CSS

```
.wrap {
    display: flex; /*横並び*/
    align-items: center; /*上下中央配置*/
    margin: 0 auto 50px;
    width: 600px;
}

.wrap:nth-child(even) { /*偶数番目のみに指定*/
    flex-direction: row-reverse; /*要素の位置を反転*/
}

.image {
    width: 50%;
}

.text {
    padding: 0 30px;
    width: 50%;
}

img {
    display: block;
    width: 100%;
    height: auto;
    border-radius: 10px;
}
```

解説

偶数番目の位置を反転させて視線の流れをつくるレイアウト。先に紹介した横並びコンテンツの上下中央配置のレイアウトを複数掲載させるときに、写真とテキストの位置を左右に反転しながら配置するデザインをFlexboxで実装します。

先に紹介したコードへ追記していきます。

flex-directionで子要素の並ぶ向きを指定します。デフォルトは左から右へ並んでいるので左に写真、右にテキストが配置されているので、flex-direction: row-reverseで並びを反転させます。

また、:nth-child(even)と疑似クラスで偶数番目の要素だけに指定することで交互に反転させたレイアウトを実装しています。

```
:nth-child(even) { flex-direction: row-reverse }
```

上下中央に配置します

写真と横並びになった文章を上下中央に配置させます。

偶数番目を反転

上下中央に配置します

写真と横並びになった文章を上下中央に配置させます。

偶数番目のレイアウトを横軸に反転させる

1-9　フォームレイアウト

お名前　必須

メールアドレス　必須

電話番号

お問い合わせ内容　必須

ポイント

- ✓ よくあるフォームレイアウトをFlexboxで簡単にレイアウト実装できる
- ✓ textareaなどの複数行レイアウトになった場合の対処もできる

コード

HTML

```
<label>
   <span class="title">お名前<span class="required">必須</span></
span>
   <input type="text" name="name" required>
</label>

<label>
   <span class="title">メールアドレス<span class="required">必須</
span></span>
   <input type="email" name="email" required>
</label>

<label>
   <span class="title">電話番号</span>
   <input type="tel" name="tel">
```

```
</label>

<label>
   <span class="title-textarea">お問い合わせ内容<span
class="required">必須</span></span>
   <textarea type="textarea" name="contact" required></textarea>
</label>
```

CSS

```
label {
   display: flex; /*横並び*/
   align-self: center; /*上下中央揃え*/
}

label:not(:last-child) { /*最後のlabel以外に指定*/
   margin-bottom: 20px;
}

.title {
   display: flex; /*横並び*/
   justify-content: space-between; /*左右両端揃え*/
   align-self: center; /*上下中央揃え*/
   padding-right: 20px;
   width: 220px;
   font-weight: 700;
}

.title-textarea {
   display: flex; /*横並び*/
   justify-content: space-between; /*左右両端揃え*/
   align-self: flex-start; /*Flexアイテムを起点に揃える(上端揃え)*/
   padding-top: 20px;
   padding-right: 20px;
   width: 220px;
   font-weight: 700;
}

.required {
   padding: 5px 10px;
   font-size: 12px;
```

次ページへ

前ページより

```
  line-height: 1;
  background-color: #7fb2a1;
  border-radius: 10px;
}

input,
textarea {
  display: block;
  padding: 20px;
  flex: 1; /*余白を埋めるようにflexアイテムの幅を指定*/
  background-color: #e5e5e5;
  border: 2px solid #5b8f8f;
  border-radius: 10px;
}

textarea {
  height: 200px;
}
```

解説

フォームのラベルと入力欄のレイアウトを必須ラベルも合わせてFlexboxで実装します。

labelにdisplay: flexでラベルと入力欄を横並びにし、align-self: centerで上下中央に配置します。

ただし、お名前やメールアドレス、電話番号は入力欄が1行なのでalign-self: centerでデザインどおりになるのですが、お問い合わせ内容はtextareaで高さがあるので、上下中央配置だと意図しないデザインになってしまいます。

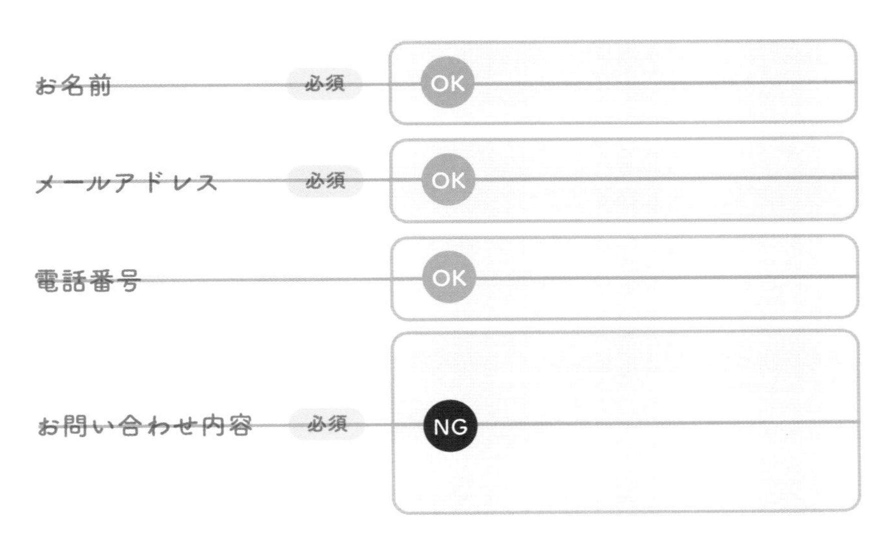

align-item: centerを指定すると、
お問い合わせ内容の項目だけ意図しないレイアウトになる

そこで、お問い合わせ内容のラベルにだけ.title-textarea { align-self: flex-start }で上書きします。align-selfは、親要素に指定したalign-itemの値を上書きできるプロパティで子要素に指定します。さらに、.title-textarea { padding-top: 20px }で要素の上部に余白をとり、配置を調整すればデザインどおりになります。

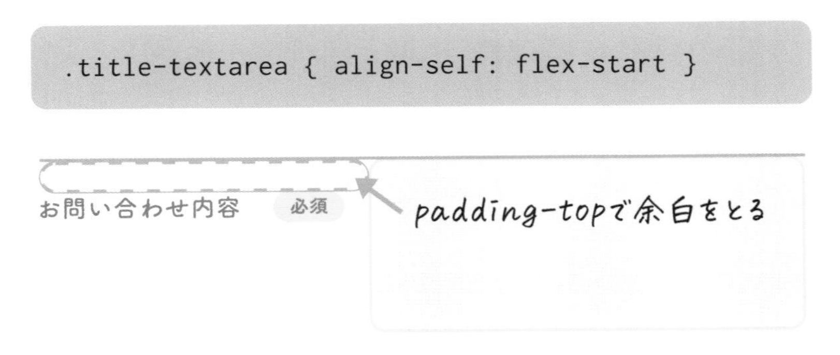

align-selfを子要素に指定することで
親要素のalign-itemの値に上書きできる

1-10　定義リストレイアウト

会社名	Stock株式会社
本社住所	東京都千代田区○○1丁目1234-5
電話番号	03-1234-5678

ポイント

- ☑ 会社概要ページでよく使うレイアウトをFlexboxで実装できる
- ☑ 見出し幅固定でレスポンシブ対応したコードで実装

コード

HTML

```
<dl>
  <dt>会社名</dt>
  <dd>Stock株式会社</dd>
</dl>

<dl>
  <dt>本社住所</dt>
  <dd>東京都千代田区○○1丁目1234-5</dd>
</dl>

<dl>
  <dt>電話番号</dt>
  <dd>03-1234-5678</dd>
</dl>
```

CSS

```
dl {
  display: flex; /*横並び*/
  justify-content: space-between; /*左右両端揃え*/
}
```

```
dt {
   padding: 20px 30px;
   width: 230px;
   border-bottom: 2px solid #5b8f8f;
}

dd {
   padding: 20px 30px;
   width: calc(100% - 230px); /*dtの横幅分を差し引いてddの幅をレスポンシブ対応*/
   border-bottom: 2px solid #bbb;
}
```

解説

会社概要によくある企業情報のレイアウトでテーマカラーを意識させながらシンプルに読みやすくするデザイン。これを定義タグ（dl）を使って、Flexboxで実装します。

display: flexで横並びに、justify-content: space-betweenで親要素の左右両端を基準に配置します。

justify-content: space-betweenで親要素の左右両端へ配置

dt { width: 230px } と dd { width: calc(100% - 230px) } で、dtを横幅固定、ddを横幅可変にしてレスポンシブ対応にしてあります。

もし、スマホ表示時に縦並びにする場合は、dlにflex-wrap: wrapを、dtとddにwidth: 100%を指定することで縦に並んだレイアウトにできます。

1-11　カードレイアウトのボタンのみ下部揃えに配置

横並びの要素でテキスト量によって高さが異なったとしてもボタンの位置はアイテムごとの要素下に配置したいケースがあります。

位置を揃えたいボタン

この場合でもボタンの位置を要素下に配置したい。

位置を揃えたいボタン

ポイント

- ☑ テキストの文字数に影響を受けずにボタンを定位置固定できる
- ☑ レイアウトが統一でき、きれいにまとまる

コード

HTML

```
<div class="wrap">
   <div class="item">
      <p>横並びの要素でテキスト量によって高さが異なったとしてもボタンの位置はアイテムごとの要素下に配置したいことがあります。</p>
      <a href="">位置を揃えたいボタン</a>
   </div>

   <div class="item">
      <p>この場合でもボタンの位置を要素下に配置したい。</p>
      <a href="">位置を揃えたいボタン</a>
   </div>
</div>
```

CSS
```
.wrap {
   display: flex; /*横並び*/
   justify-content: space-between; /*左右両端揃え*/
}

.item {
   display: flex;
   flex-direction: column; /*Flexアイテムを縦並びにする*/
   padding: 20px;
   width: 48%;
   background-color: #d6d6d6;
   border-radius: 10px;
}

p {
   flex-grow: 1; /*.itemの縦幅に合わせて伸縮される*/
   margin-bottom: 20px;
}

a {
   display: block;
   padding: 20px 0;
   color: #111;
   font-weight: 700;
   text-align: center;
   text-decoration: none;
   background-color: #7fb2a1;
   border-radius: 10px;
}
```

解説

テキストのボリュームに関係なく、ボタンを要素の下に配置して視認性をアップさせるレイアウト。これをFlexboxを使って実装していきます。

親要素.wrapをdisplay: flexで横並びにし、justify-content: space-betweenで左右基準に配置します。

子要素（.item）にdisplay: flexでいったん横並びに指定した後に、flex-direction: columnで文章とボタンを縦に並び替えます。この時点では、まだボタンは文章に合わせた配置になっています。

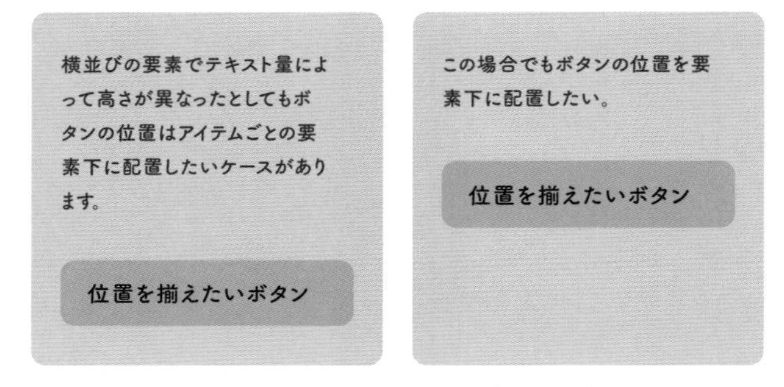

文章の下に配置されたボタンを要素下部で揃えたい

要素下部に揃えて配置するには、pにflex-grow: 1を指定します。flex-growはFlexコンテナの幅に余白がある場合の伸び率を指定するプロパティで、要素.itemのサイズに合わせて余白を埋めるようにpが伸びて配置されます。

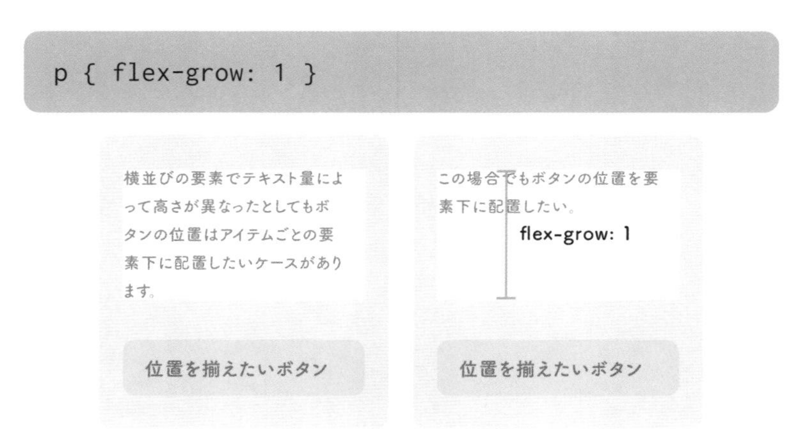

flex-grow: 1でpのサイズを調整している

2 写真だけ画面いっぱいに配置

テキストの横幅は固定、画像だけを左右画面いっぱいに広げるレイアウトを使う機会は少なくないです。これを実装する際はマークアップで対処していましたが、これか

ポイント

- ☑ 写真にフォーカスを当てられるレイアウト
- ☑ CSSで画像だけ横幅いっぱいに広げることで余計なHTMLを省略できる

コード

HTML
```
<div class="container">
   <div class="contents">
      <div class="image"><img src="picture.jpg" alt="スマホを見ながら
PCを操作する写真"></div>

      <p>テキストの横幅は固定、画像だけを左右画面いっぱいに広げるレイアウトを使う
機会は少なくないです。これを実装する際はマークアップで対処していましたが、これからは
CSSで実装できます。一括指定できるのでかなり便利ですよ。</p>
   </div>
</div>
```

➔ 次ページへ

前ページより

CSS

```
.contents {
   margin-right: auto;
   margin-left: auto;
   width: 600px;
}

.contents p {
   margin-bottom: 50px;
}

.image {
   margin-right: calc(50% - 50vw);/*要素横幅50%から画面横幅50vwを差し引く計算式*/
   margin-left: calc(50% - 50vw);/*要素横幅50%から画面横幅50vwを差し引く計算式*/
   margin-bottom: 50px;
}

.image img {
   display: block;
   width: 100%;
   height: auto;
}

.container {
   overflow-x: hidden; /*横スクロールを防ぐ*/
}
```

解説

文章は要素の中におさめつつ、写真だけ画面横サイズいっぱいに広げたいときに使えるレイアウト。文章と写真を同じ要素内にまとめても写真だけをサイズ変更できるので、要素ごとに横サイズ調整をしなくても大丈夫です。

親要素（.contents）の中に写真と文章が包括されているので、写真も本来は横幅600pxで表示されるのですが、写真にだけcalc(50% - 50vw)を指定することで全画面表示にできます。

これはテキスト部分の外側にある余白の値を計算して、写真をその分左右に広げることにより親要素の横幅を無視して全画面表示させています。

の横幅は固定、画像だけを左右画
いに広げるレイアウトを使う機会
ないです。これを実装する際はマ
プで対処していましたが、これか
この部分を
calc
で算出する

テキスト部分の外側にある余白の値を計算

文章の横半分の値を50％で、全画面の横半分の値を50vwで出せるので、それらを使って文章横にある余白の値をcalc()で計算します。

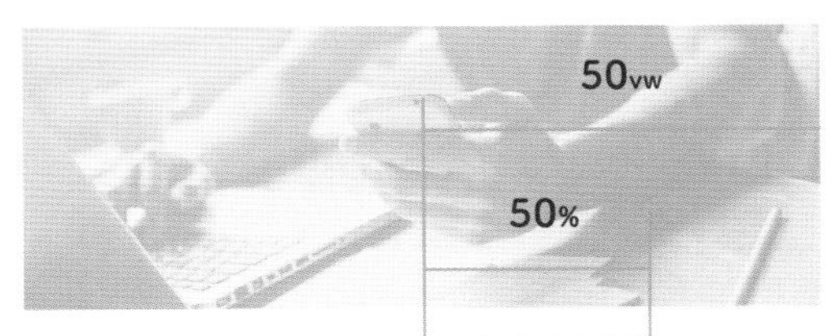

文章の横半分の値は50%、全画面の横半分の値は50vw

計算式は、次のように記述します。

```
calc((50vw - 50%)* -1)
```

-1をかけているのはネガティブマージンの値をあえて出し、マイナス（-）の値で写真を左右に広げられるからです。

例えば、テキスト部分の外側にある余白が左右それぞれ200pxだとします。そのとき、marginの左右の値を-200pxにすることで画像部分の要素が左右に200px分ずつ広がるため、-1をかけてネガティブマージンにします。

それを簡略化させるため、実際の記述はcalc(50% - 50vw)にして-1を掛けなくてもネガティブマージンの値を求められるようにしています。

3 Pinterest風カードレイアウト

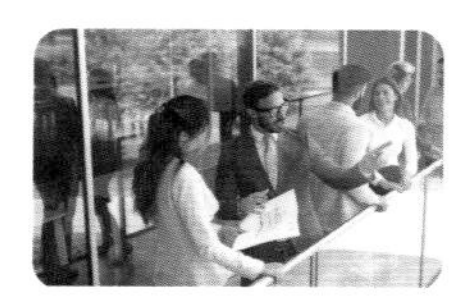

Pinterestレイアウトを
CSSだけで実装できるんだ

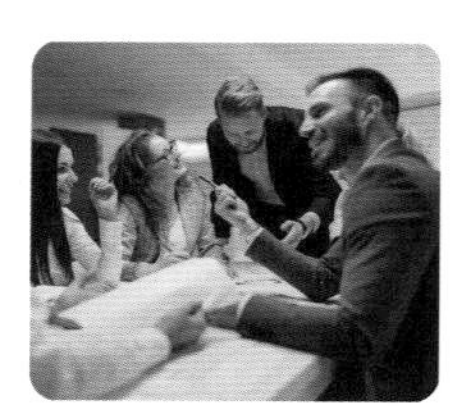

jQuery? 必要ないよ

column-countはかなり便利だったよ

break-insideは必須

少ないコードで実装できるのは嬉しい

これ最高だよ!

ポイント

- ✓ Pinterest風レイアウトをCSSのみで実装できる
- ✓ 並び順を気にしないコンテンツにおすすめ

コード

HTML

```
<ul>
   <li>
      <img src="picture01.jpg" alt="">
      <p>PinterestレイアウトをCSSのみで実装</p>
   </li>
   <li>
      <img src="picture02.jpg" alt="">
      <p>column-countはかなり便利</p>
   </li>
   <li>
```

```
      <img src="picture03.jpg" alt="">
      <p>少ないコードで実装できるのは嬉しい</p>
   </li>
   ⋮
</ul>
```

CSS

```
ul {
   column-count: 3; /*横3列に並べる*/
   padding: 20px;
   list-style: none;
}

li {
   break-inside: avoid; /*ボックス途中で区切られるのを禁止する*/
}

img {
   display: block;
   width: 100%;
   height: auto;
   border-radius: 30px;
}

p {
   font-size: 13px;
   text-align: center;
}
```

解説

サイズの異なるカードをタイル状に敷き詰めて情報を探しやすくするデザイン。SNSのPinterestのようなレイアウトの実装方法です。Javascriptでの実装が一般的ですが、今回はCSSのみで実装する方法を紹介します。

column-countは指定した列数で要素のコンテンツを分割するプロパティです。column-count: 3で横3列に並びます。

次ページへ

前ページより

```
ul { column-count: 3 }
```

column-count: 3 で3列に並べられる

break-insideは生成されたボックス（li）をどのように区切るかを指定できるプロパティで、break-inside: avoidはボックス途中で区切られることを防げます。

今回のボックスは画像と説明テキストの組み合わせなので、次図のようにテキストだけ別の列に表示されてしまう意図しない区切り方を避けるため、break-inside: avoidの指定が必要となります。

```
li { break-inside: avoid }
```

break-inside: avoidを指定しないと意図しない区切り方になってしまう

注意点

この実装方法での注意点は並び順です。columnプロパティは段落（列）をつくるためのコードなので、左から右に並んでいくのではなく、一定の高さの中で上から下へ並び、左から右の列へ進んでいきます。

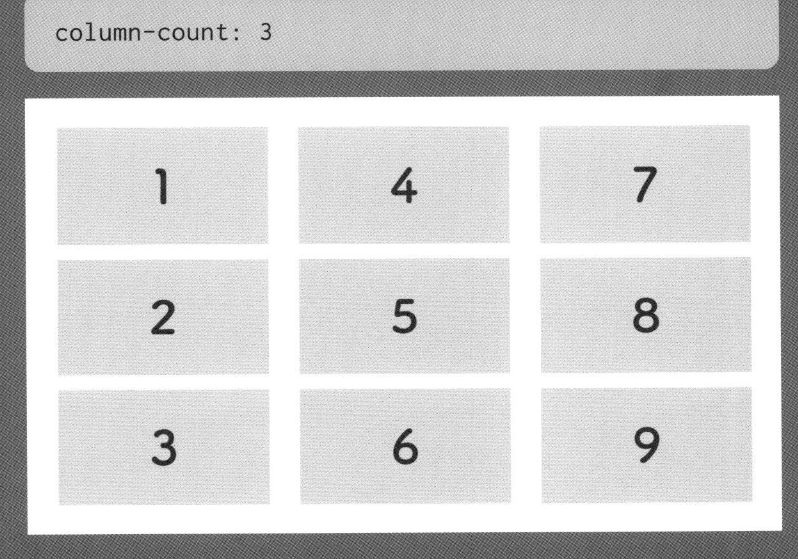

columnプロパティで指定したときのボックスの並び順

時系列など並び順に規制がある場合はこの方法ではなく、Javascriptでの実装をおすすめします。

・参考：Masonry
https://masonry.desandro.com/

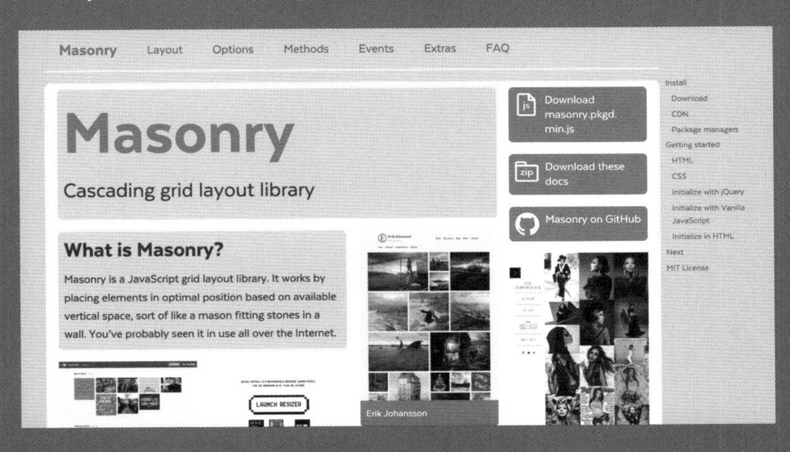

4 モダンな上下左右中央配置

見てほしい写真や画像を中央配置にしてアピールしやすくするレイアウト。margin: autoや、positionとtransformを使った方法が一般的ですが、どうしてもコードが長くなってしまいがち。そんなときは、FlexboxやGridを使うことで、数行で実装できます。これらの手法をそれぞれ紹介します。

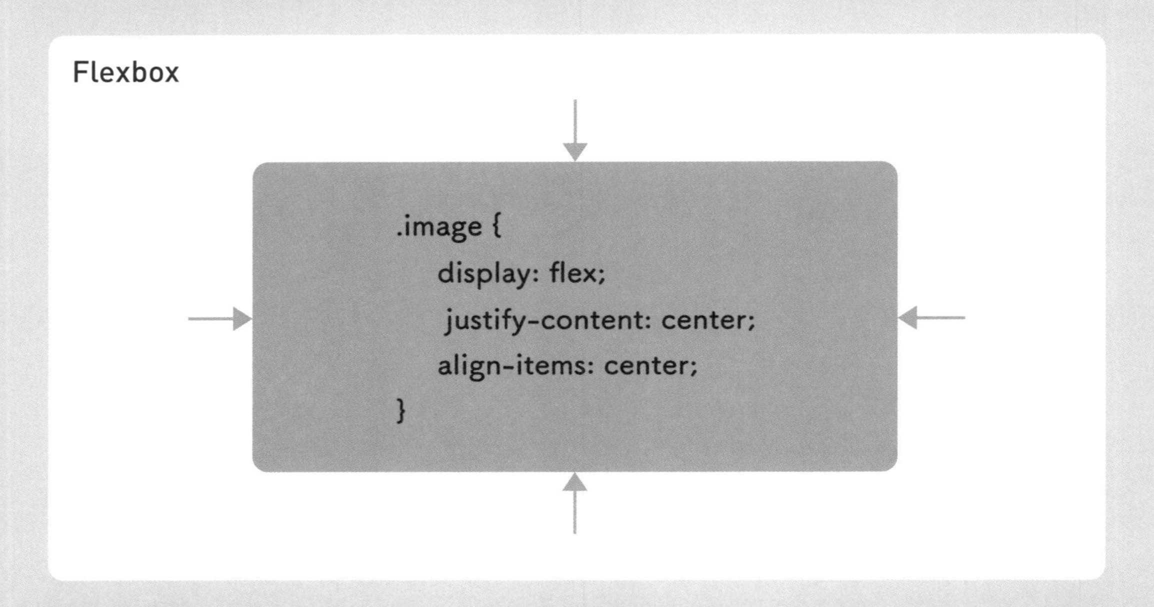

Flexbox
.image {
display: flex;
justify-content: center;
align-items: center;
}

コード

HTML

```
<div class="image">
   <img src="flexbox.png" alt=" Flexboxで上下左右中央配置のコードを説明する画像" >
</div>
```

CSS

```
.image {
   display: flex; /*横並び*/
   justify-content: center; /*左右中央揃え*/
   align-items: center; /*上下中央揃え*/
}
```

解説

Flexboxでの実装は、justify-contentとalign-itemsをそれぞれcenterの値を指定することで上下左右から中央に配置されます。3行で実装可能です。

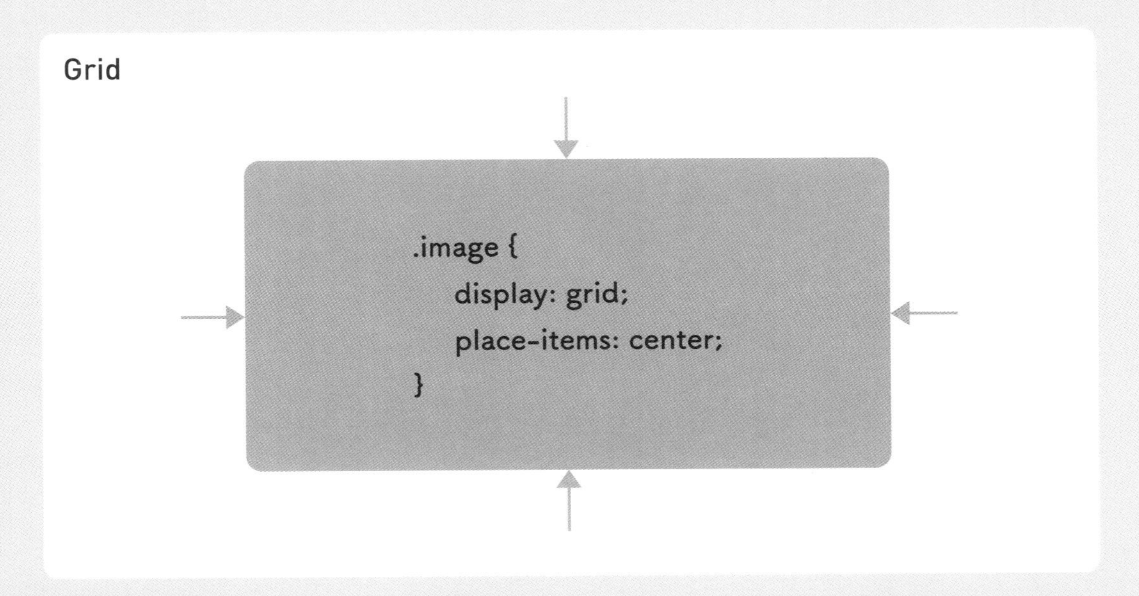
Grid
.image {
display: grid;
place-items: center;
}

コード

HTML

```
<div class="image">
   <img src="grid.png" alt=" Gridで上下左右中央配置のコードを説明する画像" >
</div>
```

CSS

```
.image {
   display: grid; /*子要素をグリッドアイテムにする*/
   place-items: center; /*中央揃え*/
}
```

解説

Gridでの実装は、place-itemsにcenterと2行での実装が可能となります。

5 簡易カルーセルスライダー

ポイント

- ✓ 簡易的なカルーセルスライダーであればJavascriptなしでCSSのみで実装可能
- ✓ スナップ点も設定できるので使いやすい

コード

HTML

```
<div class="wrap">
   <div class="item">
      <img src="picture01.jpg" alt="横を向く女性の写真">
      <p>Sun</p>
   </div>
   <div class="item">
      <img src="picture02.jpg" alt="PCを操作する女性の写真">
      <p>Mon</p>
   </div>
   <div class="item">
```

```
      <img src="picture03.jpg" alt="資料を確認する男性の写真">
      <p>Tue</p>
    </div>
    ⋮
</div>
```

CSS

```
.wrap {
   scroll-snap-type: x mandatory; /*X軸にスクロールし、スクロールアクショ
ン終了後にスナップ位置に合わせる*/
   margin: 0 auto;
   padding: 30px 0;
   max-width: 800px;
   white-space: nowrap; /*行の折り返しをさせない*/
   overflow-x: scroll; /*X軸方向にスクロールさせる*/
}

.item {
   scroll-snap-align: center; /*スナップ位置を中央に指定*/
   display: inline-block;
   margin: 0 20px;
   width: 40%;
   white-space: normal; /*.wrapのwhite-space指定を解除*/
   background-color: #f4f4f4;
   overflow: hidden;
}

img {
   display: block;
   width: 100%;
   height: auto;
}

p {
   margin: 0;
   padding: 20px;
   font-weight: 700;
   text-align: center;
   text-transform: uppercase;
}
```

解説

カードを横にスライドさせて限られたスペースで複数の画像を表示させられるカルーセルスライダー。複雑な機能を実装するにはJavascriptが必要ですが、シンプルな機能であればCSSだけで実装できます。

.item { display: inline-block }で子要素を横並びにします。

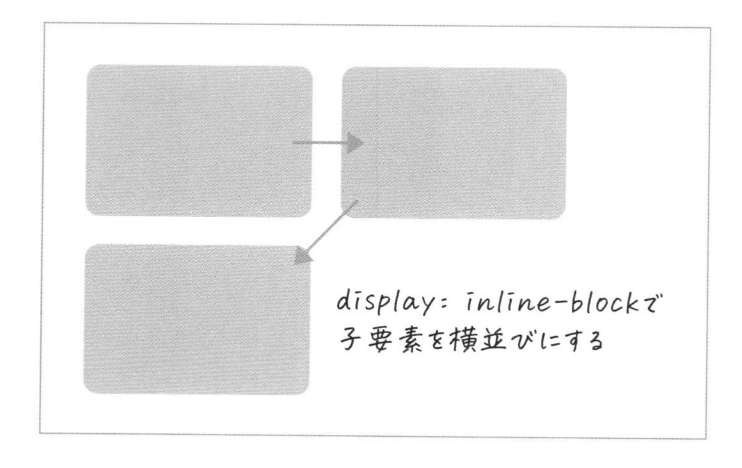

.wrap { white-space: nowrap }で行の折り返しをさせないように指定。

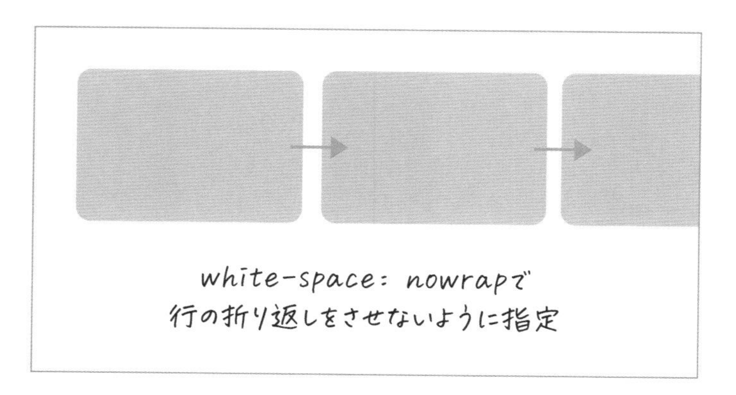

.wrap { overflow-x: scroll }で親要素を超えた子要素をスクロールできるように指定しておきます。

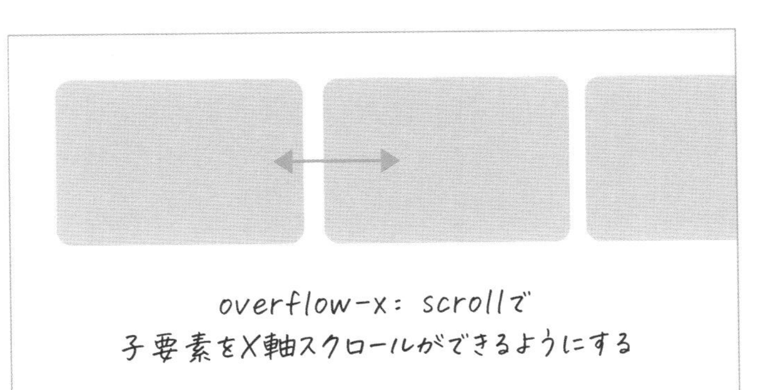
overflow-x: scrollで
子要素をX軸スクロールができるようにする

scroll-snap-typeでスナップ方向を指定します。scroll-snap-type: x mandatoryのとき、スクロールコンテナの軸は水平（x軸）で、スナップ位置に合わせられます。mandatoryでスクロール中でなければスナップ点にはまる（合わせられる）ようになります。

scroll-snap-align: centerでスナップされた後の止まる位置を中央に指定しています。

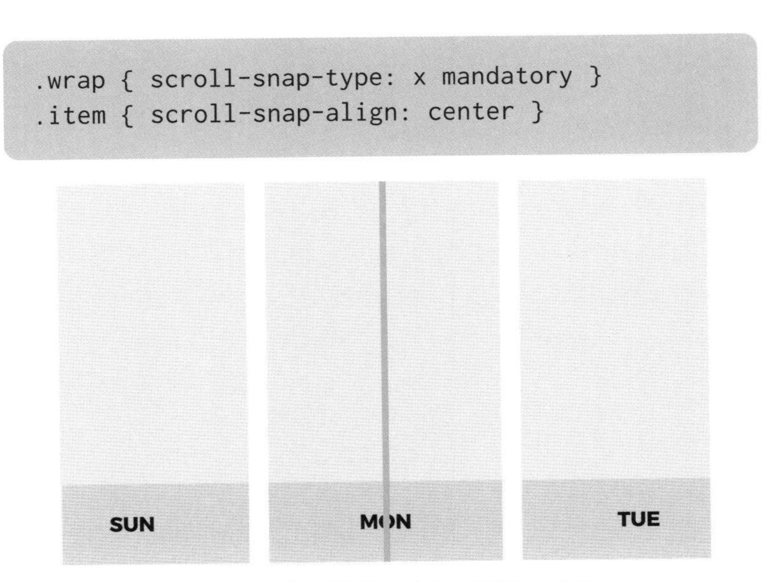
.wrap { scroll-snap-type: x mandatory }
.item { scroll-snap-align: center }
SUN
MON
TUE

スクロール後は子要素の中央の位置に止まる

また、.wrap { white-space: nowrap }と親要素で行を折り返させない指定をしてあるので、.item { white-space: normal }と子要素で行の折り返し指定をしておきます。

6 簡易アコーディオン

アコーディオンをHTMLだけで実装できますか？ +

アコーディオンをHTMLだけで実装できますか？

はい。簡易的なアコーディオンであればdetailsとsummaryのタグを使って実装可能です。

アコーディオンをHTMLだけで実装できますか？ +

ポイント

- ✓ HTMLだけで簡易アコーディオンが実装できる
- ✓ アニメーションが実装可能なので心地いい操作感を提供できる

コード

HTML

```
<details>
    <summary>アコーディオンをHTMLだけで実装できますか？</summary>
    <div class="answer">
        <p>はい。簡易的なアコーディオンであればdetailsとsummaryのタグを使って実
装可能です。</p>
    </div>
</details>
    …（繰り返し）
```

CSS

```
details {
   margin: 0 auto 10px;
   width: 580px;
}

summary {
   display: flex; /*質問文とプラスアイコンを横並びとデフォルトの三角矢印をリセット*/
   justify-content: space-between; /*左右両端に配置*/
   align-items: center; /*上下中央配置*/
   padding: 20px 30px; font-size: 18px;
   background-color: #d6d6d6;
   border-radius: 10px;
   cursor: pointer; /*カーソルをのせたときにpointer表示に指定*/
}

summary::-webkit-details-marker { /*Webkit系ブラウザの三角矢印をリセット*/
   display: none;
}

summary:hover,
details[open] summary { /*質問文のhover時と展開後の表示指定*/
   background-color: #bbb;
}

summary::after { /*プラスアイコンを擬似要素で指定*/
   content: '+';
   margin-left: 30px;
   color: #5b8f8f;
   font-size: 21px;
   transition: transform .5s; /*展開時のアニメーション指定*/
}

details[open] summary::after { /*プラスアイコンの展開後の指定*/
   transform: rotate(45deg); /*45°回転*/
}

.answer {
   padding: 20px;
   line-height: 1.6;
```

次ページへ

前ページより

```
}

details[open] .answer {
   animation: fadein .5s ease; /*展開後のアニメーション指定*/
}

@keyframes fadein { /*不透明度を0→1でフェードイン表示*/
   0% { opacity: 0; }
   100% { opacity: 1; }
}
```

解説

よくある質問で利用するアコーディオン機能をHTMLとCSSアニメーションで実装する方法。シンプルな機能で問題なければJavaScriptは不要です。

まずは、デフォルトのスタイルをリセットします。

▶ アコーディオンをHTMLだけで実装できますか？

▼ アコーディオンをHTMLだけで実装できますか？
はい。簡易的なアコーディオンであればdetailsとsummaryのタグを使って実装可能です。

三角矢印がついたシンプルなデザイン

ブラウザデフォルトでは、summaryタグに三角矢印が表示されるCSSコードが設定してあります。

```
details > summary:first-of-type {
   display: list-item;
   counter-increment: list-item 0;
   list-style: inside disclosure-closed;
}
```

display: list-itemでリストの項目として設定しています。また、list-style: inside disclosure-closedで、detailsタグの展開ウィジェットが閉じて状態であることを示す記号が設定されてます。ちなみに、展開されるとdisclosure-openになります。

コードからsummaryはlist-styleプロパティを指定して三角矢印を表示しているので、list-style: none、もしくはdisplayプロパティにlist-itemの値以外を指定すると非表示にできます。サンプルではdisplay: flexを指定しています。

しかし、ChromeとSafari、Edgeが対応していません。Webkit系のブラウザデフォルトの設定は以下のコードです。

```
summary {
  display: block;
}
```

display: list-itemではなくdisplay: blockを指定しているため、先述した方法ではリセットできません。

-webkit-ベンダープレフィックスを使って、疑似要素::-webkit-details-markerでマーカーである三角矢印を非表示にします。

```
summary::-webkit-details-marker {
  display: none;
}
```

これでdetailsとsummaryのタグをフラットな状態にし、スタイリングしていきます。

質問文はsummaryタグで括ります。summary内の文章とプラスマークを横並びにするためdisplay: flexを指定。justify-content: space-betweenで左右の端に配置、align-items: centerで上下中央配置にしています。

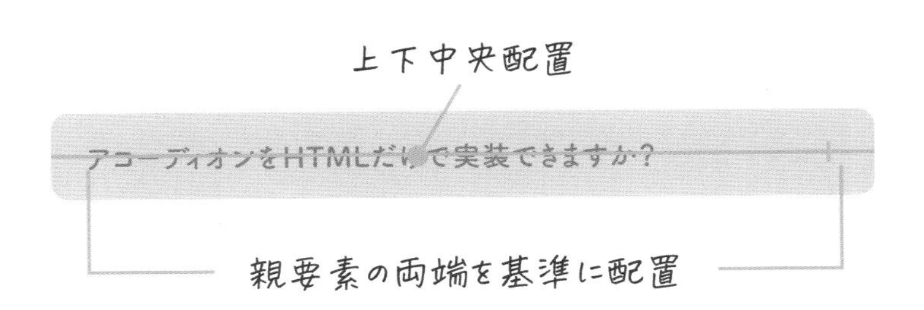

次ページへ

前ページより

スマホ表示時では不要ですが、PC表示時ではカーソルを使用するため、質問文にのせた時にカーソルの表示が切り替わるようにcursor: pointerを指定しておきます。

さらに、カーソルをのせたときに要素が展開することが視覚的にわかるようにします。また、展開した要素と展開していない要素を区別するために、summary:hoverとdetails[open] summaryにbackground-color: #bbbを指定し、背景色を変化させます。

アコーディオンをHTMLだけで実装できますか？ ＋

アコーディオンをHTMLだけで実装できますか？ ×

はい。簡易的なアコーディオンであればdetailsとsummaryのタグを使って実装可能です。

アコーディオンをHTMLだけで実装できますか？ ＋

展開後やhover時は
展開前の要素と区別するため変化させる

プラスアイコンは疑似要素::afterで表示。質問文との余白を空けるためmargin-left: 30pxを指定します。プラスアイコンでも展開していることを視覚的に知らせるために、details[open] summary::afterにtransform: rotate(45deg)を指定して回転させます。

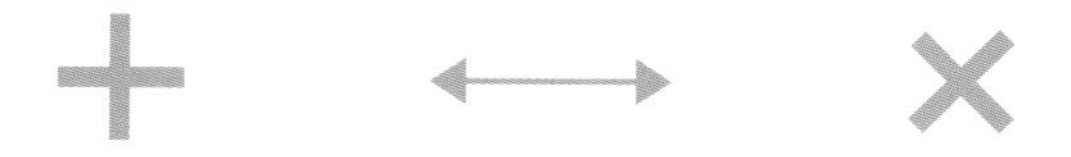

展開していることを示すために
45°回転させている

返答文が表示されたときにアニメーションしながら表示されるように、details[open] .answerにanimation: fadein .5s easeを指定。@keyframes fadein内で0% { opacity: 0 }と100% { opacity: 1 }を指定することで、0.5秒をかけて不透明度を0から1に変化させています。これでフェードインしながら表示させられます。

コラム「Google Mapのレスポンシブ化」

Webサイト上にGoogle Mapの埋め込みをするときのレスポンシブ対応です。横縦比(アスペクト比)を維持してどの画面サイズでも崩れることなく表示させられます。

コード

共通のHTML
```
<div class="map">
   <iframe src="https://www.google.com/maps/embed?pb=!1m18!1m12!1m3!1d3241.7479754683745!2d139.7432442152582!3d35.65858048019946!2m3!1f0!2f0!3f0!3m2!1i1024!2i768!4f13.1!3m3!1m2!1s0x60188bbd9009ec09%3A0x481a93f0d2a409dd!2z5p2x5Lqs44K_44Ov44O8!5e0!3m2!1sja!2sjp!4v1637808312024!5m2!1sja!2sjp"
width="600" height="450" style="border:0;" allowfullscreen=""
loading="lazy"></iframe>
</div>
```

aspect-ratioプロパティでの実装

aspect-ratioプロパティを使用すると、短いコードでアスペクト比を維持して実装することができます。

コード

CSS
```
.map {
   aspect-ratio: 16/9;
}

.map iframe {
   width: 100%;
   height: 100%;
}
```

Google Mapから取得してきたiframeタグにwidth: 100%とheight: 100%を指定。iframeタグを包括する親要素(.map)にaspect-ratioでアスペクト比を指定すれば、横と縦の比率を維持してレスポンシブ化できます。

次ページへ

前ページより

短いコードで実装が可能ですが、aspect-ratioプロパティの対応ブラウザで問題があります。SafariはPCスマホともにこのプロパティに対応したのが2021年4月であるため、アップデートしていないSafariユーザーではうまく表示されません。

よって、現段階では次に紹介するコードで対応し、様子をみるのが最善であると考えます。

古いブラウザにも対応するコード

CSS
```
.map {
   position: relative;
   padding-top: 56.25%; /*16:9=100:x*/
   width: 100%;
   height: 0;
}

.map iframe {
   position: absolute;
   top: 0;
   left: 0;
   width: 100%;
   height: 100%;
}
```

アスペクト比を指定するのは、親要素（.map）に指定したpadding-topです。この値を%指定にすると、widthの値100%を参照するようになります。

今回指定する16:9にする場合は16:9=100:xとなり、以下の公式で計算できます。

9（heightの比率）÷ 16（widthの比率）×100=56.25%

- 4:3の場合　3÷4×100=75%
- 3:2の場合　2÷3×100=66.6666%
- 2.35:1の場合　1÷2.35×100=42.5531%
- 1.414:1の場合　1÷1.414×100=70.7213%
- 1.618:1の場合　1÷1.618×100=61.8046%

Chapter

5

お問い合わせフォーム

デザインと聞くとビジュアル視点で語られがちですがUI視点も重要です。お問い合わせページを例に、ユーザーが使いやすいフォームの実装ポイントについてご紹介します。

1 問い合わせ時に必要な項目に限定する

「この入力項目は本当に必要なのか？」いつも疑うようにしています。お問い合わせ時に必要な情報なのか？　その後の打ち合わせで電話番号や住所などを聞くことはできないのか？　クライアントに質問すると意外に不要であったりすることも。

お名前
ふりがな
メールアドレス
電話番号
住所

「本当に必要なのか？」疑いの目で見ることは大切

不要な項目を削除し、本当に必要な情報のみに限定することでユーザーが入力しやすくなります。

お名前
ふりがな
メールアドレス

電話番号や住所はお問い合わせ後でもいいかもしれません

郵送で資料を送る資料請求フォームでは住所は必要です。しかし、お問い合わせフォームであれば住所の情報は不要になることもあるので、削除を検討した方がいいです。クライアントと相談しながら常に項目を減らす意識はもつようにし、ユーザーの手間を省くようにしましょう。

2 入力欄の数は最低限に

メールアドレスの入力欄を@（アット）前後で分けるケースを見かけますが、ユーザーの使いやすさを考慮するなら分けるべきではないです。

メールアドレス

mailaddress  gmail.com

1つ目の入力欄からの次の入力欄へ移動が手間になる

メールアドレス

mailaddress@gmail.com

@（アットマーク）入力の方が手間がかからない

@（アットマーク）入力よりも、入力欄の移動の方が手間と感じるケースは多いです。どうしても分割しなければいけない理由があれば仕方ないですが、制約がないのであれば1つの入力欄で記入してもらうようにしましょう。

3 内容によっては入力欄を分ける

3-1 姓名

以前は名前の入力欄は分けない方がいいと思っていました。

お名前

懸允彪

入力欄の移動がなくなるので手間が省ける

しかし、姓名の区切りが分かりにくい名前の方や、難読漢字を含む名前の方のために、姓と名を分けた方がいい場合があります。

お名前

懸 | 允彪

難読漢字であっても名前間違えのリスクを減らすことができる

お問い合わせ後のやりとりの中で名前の読み間違いはトラブルの元です。名前の情報は正確に取得すべきで、入力欄の移動という一手間が増えてしまうのですが、姓名は分けた方が間違いは減らせます。大多数の日本人にはこのUIが有効であると考えられます。

しかし、ミドルネームをもつ方にとっては扱いづらい入力欄になってしまいます。ミドルネームをもつ方の場合、入力項目を2つに分割するとどのように入力すればよいのかわからなくなります。そのため、外国人やハーフの方による入力が想定されるサイトにはミドルネーム入力欄を追加します。

お名前

ピーター	ジーン	ヘルナンデス

日本語の語学学校のような外国人が記入しそうなサイトに必要

もしくは1つにまとめるということを検討した方がよいかもしれません。

お名前

ピーター　ジーン　ヘルナンデス

サイトのターゲットに合わせて入力欄を1つにする選択肢も必要

名前の入力欄についてはクライアントと相談し、ターゲットに合わせた入力欄を設けるのがベストです。

3-2　住所

スマホでマンション名を含んだ住所を入力するとき、住所入力欄が1つだけだと住所の一部が見切れて表示されなくなることがあります。PCであれば矢印キーで操作できますが、スマホの場合は修正位置までのキャレット移動で手間がかかります。

住所

ß港区芝公園4丁目2ー8 東京芝公園前マンションA112

住所が長くて見切れてしまうと入力内容が確認しづらく、修正が必要なときに手間がかかる

住所入力欄は『番地まで』と『建物名』に分けるか、テキストエリアにすることで入力しやすくなります。

住所

東京都港区芝公園4丁目2-8

建物名

東京芝公園マンションA112

スマホであっても入力内容の確認が容易であり修正しやすくなる

4 ラベルと入力欄は縦並びにする

フォームのラベル（入力項目名）と入力欄は一般的に縦並びにした方がいいと言われますが、私はPCで入力しているときはとくに不便さを感じませんし、横並びでも完遂率に大きな差を感じたことはありません。

ただ、スマホでは別です。画面の狭いスマホの場合、横並びにするとどうしても入力欄の幅も狭くなります。前項の『内容によっては入力欄を分ける - 住所』でも説明しましたが、文字数の多くなりがちな住所の入力欄は、できるかぎり横幅いっぱいまで広げておいた方がよいでしょう。

住所　公園4丁目2ー8 東京芝公園前マンションA112

住所は見切れる可能性がある

スマホではラベルと入力欄を縦並びにして、住所に関しては2つ程度に分割して設置することを推奨します。

住所

東京都港区芝公園4丁目2-8

建物名

東京芝公園マンションA112

スマホでは縦並びにしてできるかぎり入力欄を広げた方が使いやすい

5 入力しやすい並び順にしてグルーピングする

入力内容に統一性がなく乱雑に並んだフォームほど使いにくいものはありません。図のように会社情報と担当者情報が混在した状態で並んでいると、何の情報を入力すればよいのかぱっと見ただけでは把握が難しいです。

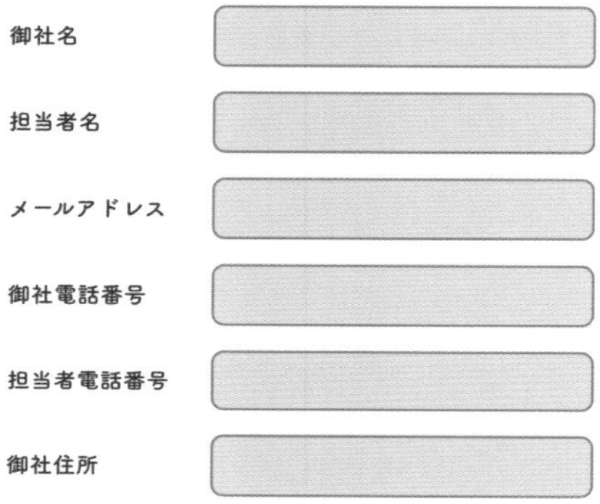

御社名
担当者名
メールアドレス
御社電話番号
担当者電話番号
御社住所

担当者情報と会社情報が混在している

フォームの混在を解決するために、フォームの入力内容ごとにグルーピングします。下図のように担当者情報と会社情報をそれぞれにまとめて並べるとフォーム構成が把握しやすく、ユーザーは入力が容易になります。

担当者名
メールアドレス
担当者電話番号

御社名
御社電話番号
御社住所

担当者情報と会社情報を分けてグルーピングしてあると入力しやすい

6 郵便番号から住所を自動入力

住所の入力は手間を感じる入力欄なので、郵便番号から住所の途中までを自動入力してくれるようにしておくと、ユーザーにとって便利なフォームになります。

郵便番号

〒 105-0011 郵便番号から住所を入力

住所

東京都港区芝公園

建物名

郵便番号の入力だけで認識できる住所を自動で入力

郵便番号から住所を自動入力してくれるJavaScriptライブラリのYubinBango.jsが便利です。YubinBangoライブラリを読み込んで、inputのclass属性に専用のプロパティを指定するだけで簡単に実装できます。

YubinBango.js
参考URL：https://yubinbango.github.io/

次ページへ

前ページより

コード

HTML
```
<form class="h-adr">
  <span class="p-country-name">Japan</span>
  〒<input type="text" class="p-postal-code" size="8"
maxlength="8">
  都道府県:
  <input type="text" class="p-region">
  住所:
  <input type="text" class="p-locality p-street-address
p-extended-address">
</form>
```

YubinBango専用のプロパティ

プロパティ	内容
h-adr	直帰率、離脱率
p-region	都道府県
p-locality	市区町村
p-street-address	町域
p-extended-address	上記以降の住所

後述するフォームの自動補完機能（オートコンプリート）で住所欄へ自動入力してくれますが、ユーザー側が住所を設定していないと機能しないので、あわせて実装しておくことをおすすめします。

7 フォームの自動補完機能

HTMLのautocomplete属性を指定することで、ブラウザへ設定した情報を利用したオートコンプリート機能（入力内容の自動補完）が利用できるようになります。

メールアドレス

mailaddress@gmail.com

コード

HTML
```
<input type="email" name="email" autocomplete="email">
```

autocomplete="email"のemail部分に入力内容に合わせたautocomplete属性の値を記述します。

autocomplete属性の値

値	内容
name	名前
family-name	姓（ラストネーム）
given-name	名（ファーストネーム）
nickname	ニックネーム
postal-code	郵便番号
address-level1	都道府県名
address-level2	市区町村名
address-level3	address-level2 の後ろにつく町名
address-level4	address-level3 の後ろにつく住所

次ページへ

前ページより

autocomplete属性の値（続き）

値	内容
organization	企業・団体・組織名
organization-title	組織内での肩書・役職
bday	生年月日
bd-year	生年月日の年
bday-month	生年月日の月
bday-day	生年月日の日
email	メールアドレス
tel	電話番号
tel-national	国番号を除いた電話番号
tel-area-code	市外局番
tel-local	国番号と市外局番を除いた電話番号
tel-extension	内線番号
url	ウェブサイトなどの URL
photo	画像 URL

ただし、Google ChromeとSafariでは自動補完する情報が異なる場合があったり、name属性を的確に記述しないとオートコンプリートが機能しないなどの不具合もあるので、実装内容にあわせて確認は必要です。

8 入力内容に合わせて type属性を指定する

inputのtype属性を入力内容に合わせて記述すると、スマホキーボードが適切に切り替わりユーザーが入力しやすくなります。

電話番号
type="tel"

URL
type="url"

年月
type="month"

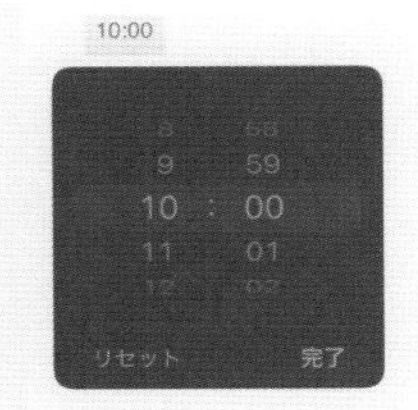

時間
type="time"

次ページへ

前ページより

年月日
type="date"

日付と時間
type="datetime-local"

色
type="color"

9 スマホもタップしやすいデザインにする

スマホでラジオボタンやチェックボックスをタップするとき、ブラウザデフォルトではタップ領域が狭く操作しづらいものです。意図しないタップで不要なストレスを与えてしまうことも。

お問い合わせ種別
資料請求したい
お問い合わせしたい
採用募集にエントリーしたい

お使いのブラウザ
Chrome Firefox Safari
Edge Opera その他

郵便番号の入力だけで認識できる住所を自動で入力

タップ領域を広くとることで操作しやすくなります。テキスト部分がタップ領域なのでpaddingでサイズを大きくします。

お問い合わせ種別
資料請求したい
お問い合わせしたい
採用募集にエントリーしたい

お使いのブラウザ
Chrome Firefox
Safari Edge
Opera その他

背景色をつけてタップ領域を明示し、ラジオボタンやチェックボックスのON OFFスタイルも明確に分けると使いやすくなります。

コード

HTML

```
<form>
  <h2>お問い合わせ種別</h2>
  <div class="radio__list">
    <label class="radio__item">
      <input type="radio" name="radio-item" class="form__input" checked>
      <span class="radio__label">資料請求したい</span>
    </label>
    <label class="radio__item">
      <input type="radio" name="radio-item" class="form__input">
      <span class="radio__label">お問い合わせしたい</span>
    </label>
    <label class="radio__item">
      <input type="radio" name="radio-item" class="form__input">
      <span class="radio__label">採用募集にエントリーしたい</span>
    </label>
  </div>

  <h2>お使いのブラウザ</h2>
  <div class="checkbox__list">
    <label class="checkbox__item">
      <input type="checkbox" name="checkbox-item" class="form__input">
      <span class="checkbox__label">Chrome</span>
    </label>
    <label class="checkbox__item">
      <input type="checkbox" name="checkbox-item" class="form__input">
      <span class="checkbox__label">Firefox</span>
    </label>
    <label class="checkbox__item">
      <input type="checkbox" name="checkbox-item" class="form__input">
      <span class="checkbox__label">Safari</span>
    </label>
    <label class="checkbox__item">
      <input type="checkbox" name="checkbox-item" class="form__input">
      <span class="checkbox__label">Edge</span>
    </label>
    <label class="checkbox__item">
      <input type="checkbox" name="checkbox-item" class="form__input">
      <span class="checkbox__label">Opera</span>
    </label>
```

```
    <label class="checkbox__item">
      <input type="checkbox" name="checkbox-item" class="form__input">
      <span class="checkbox__label">その他</span>
    </label>
  </div>
</form>
```

CSS

```
/*radioスタイル*/
.radio__list {
  margin-bottom: 50px;
}

.radio__item {
  display: block;
  margin-bottom: 20px;
}

input[type="checkbox"],
input[type="radio"] { /*チェックボックスとラジオボタンのスタイルリセット*/
  position: absolute;
  white-space: nowrap;
  width: 1px;
  height: 1px;
  overflow: hidden;
  border: 0;
  padding: 0;
  clip: rect(0 0 0 0);
  clip-path: inset(50%);
  margin: -1px;
}

.radio__label {
  display: flex; /*ラジオボタンとラベルの横並び*/
  align-items: center; /*ラジオボタンとラベルの上下中央揃え*/
  padding: 10px 20px;
  font-size: 21px;
  font-weight: 700;
  line-height: 1;
  background-color: #c9d8e2;
```

次ページへ

前ページより

```
    border: 3px solid #96aab7;
    border-radius: 10px;
}

.radio__label::before { /*オリジナルのラジオボタン*/
    content: '';
    display: inline-block;
    margin-right: 20px;
    width: 25px;
    height: 25px;
    background-color: #fff;
    border: 2px solid #96aab7;
    border-radius: 25px;
}

input.form__input:checked ~ .radio__label { /*checked状態のボタンスタイル*/
    color: #f4f4f4;
    background-color: #053e62;
}

input.form__input:focus ~ .radio__label { /*focus時のボタンスタイル*/
    border: 3px solid #0277b4;
    box-shadow: 0 0 8px #0277b4;
}

input.form__input:checked ~ .radio__label::before { /*checked状態の
ラジオボタンスタイル*/
    background-color: #0277b4;
    background-image: radial-gradient(#fff 29.5%, #0277b4 31.5%);
    border: 2px solid #053e62;
}

 /*checkboxスタイル*/
.checkbox__list {
    display: flex; /*checkboxアイテムの横並び*/
    flex-wrap: wrap; /*折り返し指定*/
    gap: 20px; /*checkboxアイテム間の余白指定*/
}

.checkbox__item {
```

```
  display: inline-block;
}

.checkbox__label {
  display: flex; /*チェックボックスとラベルの横並び*/
  align-items: center; /*チェックボックスとラベルの上下中央揃え*/
  position: relative; /*疑似要素::afterの位置基準*/
  padding: 10px 20px;
  font-size: 21px;
  font-weight: 700;
  line-height: 1;
  background-color: #c9d8e2;
  border: 3px solid #96aab7;
  border-radius: 10px;
}

.checkbox__label::before { /*オリジナルのチェックボックス*/
  content: '';
  display: inline-block;
  margin-right: 20px;
  width: 25px;
  height: 25px;
  background-color: #fff;
  border: 2px solid #96aab7;
  border-radius: 6px;
}

input.form__input:checked ~ .checkbox__label { /*checked状態のボタン
スタイル*/
  color: #f4f4f4;
  background-color: #053e62;
}

input.form__input:focus ~ .checkbox__label { /*focus時のボタンスタイル*/
  border: 3px solid #0277b4;
  box-shadow: 0 0 8px #0277b4;
}

input.form__input:checked ~ .checkbox__label::before { /*checked状
態のチェックボックススタイル*/
```

次ページへ

前ページより

```
    background-color: #0277b4;
    border: 2px solid #053e62;
}

input.form__input:checked ~ .checkbox__label::after { /*checked状態
のチェックマークスタイル*/
    content: '';
    position: absolute;
    top: 50%;
    left: 26px;
    transform: translateY(-50%) rotate(-45deg);
    width: 14px;
    height: 4px;
    border-bottom: 3px solid #f4f4f4;
    border-left: 3px solid #f4f4f4;
}
```

10 必須項目はわかりやすく

必須項目を表現するためにアスタリスク（*）を使用しているフォームは多いですが、この常識を知らないユーザーからは単なるあしらい（記号）でしかありません。

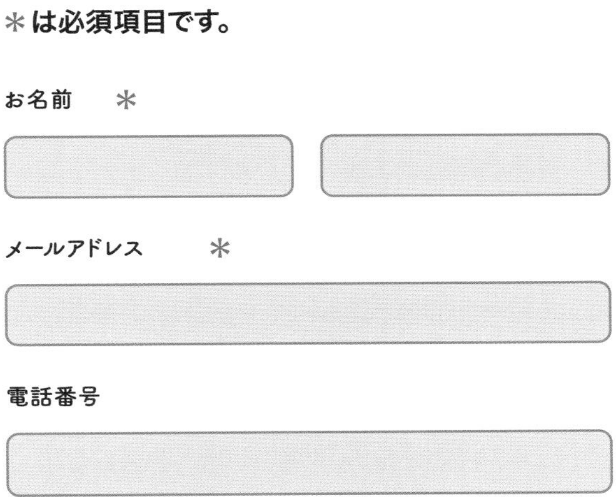

＊は必須項目です。

お名前 ＊

メールアドレス ＊

電話番号

ユーザーによっては＊の意味がわからない

必須項目であることを明示して、わかりやすくしてあげましょう。

お名前 必須

メールアドレス 必須

電話番号

→ 次ページへ

前ページより

また、ユーザーによっては必須だけではなく任意の表記もしてあげると優しい入力フォームになります。

任意で入力しなくてもよいのであれば、入力欄の削除も検討しましょう。

Chapter 5 お問い合わせフォーム

11 ラベルや例文、補足文章はフォーム外に記述

プレースホルダーにラベル（入力項目名）や例文の表記は適しません。入力欄をフォーカスして入力し始めるとプレースホルダーが消えてしまうので、確認に手間がかかります。

姓　名

メールアドレス

電話番号

ラベルを記載した場合、入力後は入力を削除しなければ何の項目なのか確認がとれません。

鈴木　太郎

m

0123-456-789

メールアドレスの項目名が消えてしまう

正確に入力していれば問題は発生しませんが、もし間違っていてバリデーションで弾かれたときは確認に手間取らせてしまいます。

また例文の場合、何を入力するか認識できたとしても、どの形式で入力した方がよいのか確認できなくなります。

次ページへ

前ページより

お名前

鈴木　太郎

メールアドレス

mailaddress@gmail.com

電話番号

0123-456-789

例えば、電話番号や郵便番号を入力する際にハイフン（-）は必要なのか、入力後は入力した内容を削除しない限り確認がとれません。

電話番号

012

プレースホルダーに例文があると
削除しないかぎり確認できない

電話番号

012

例）0123-456-789

入力欄の下に記載しておけば
いつでも確認できる

入力項目名やユーザーの入力を補助する情報は入力欄の外に記載しましょう。

12 エラーメッセージは項目ごとに記載

エラーメッセージをフォーム冒頭にまとめて記載するフォームを見かけることがありますが、この場合どの項目がエラー対象なのか探す手間が発生してしまいます。

お名前は必須項目です。
メールアドレスの形式で入力してください。
電話番号は半角数字で入力してください。

お名前 必須

ふりがな 必須
すずき たろう

メールアドレス 必須
me-rujyanai/sss

電話番号
電話番号

どの入力欄がエラーなのか
ひと目ではわからない

エラー箇所を探す手間を省くため、エラーメッセージは項目ごとに記載し、視覚的にわかりやすくしてあげると編集しやすくなります。

お名前 必須
お名前は必須項目です。 お名前は必須項目です。

ふりがな 必須
すずき たろう

メールアドレス 必須
me-rujyanai/sss
メールアドレスの形式で入力してください。

電話番号
電話番号
電話番号は半角数字で入力してください。

13 HTMLで簡易フォームバリデーションを実装

フォームバリデーションはJaveScriptでの実装が一般的ですが、コストの面で実装までいかないのが現状の問題としてありました。しかし、HTMLだけでもフォームバリデーションの実装が可能です。

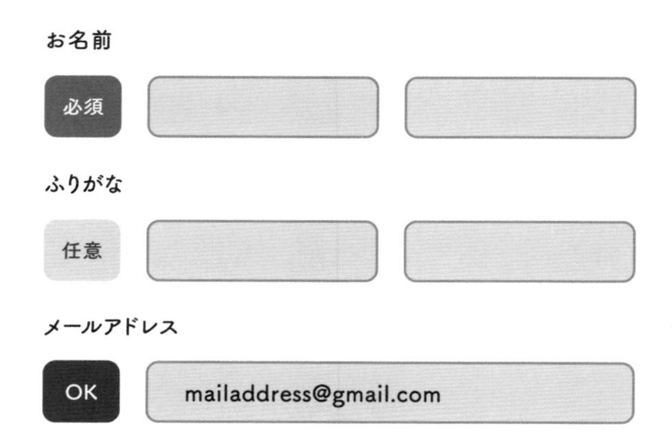

あくまでも簡易的な機能ではありますが、予算をかけられない案件では入力間違いからの離脱を減らすために、HTMLバリデーションを実装しておくとよいでしょう。

メールアドレスを例に挙げると、type属性でemailを指定します。メールアドレス形式の入力がないときにフォーム検証でvalid判定が出ないように、pattern属性値でコントロールしています。

コード

HTML
```
<input type="email" pattern="[a-z0-9._%+-]+@[a-z0-9.-]+\.
[a-z]{2,3}$" id="email" name="email" required>
```

pattern属性値『pattern=""』にHTMLバリデーション用の正規表現を記述することで制御が可能となります。

バリデーション実装の際によく使うtype属性一覧

type 属性	内容
email	メールアドレス
tel	電話番号
url	URL

バリデーション実装の際によく使うpattern属性値一覧

<table>
<tr><th>pattern 属性値</th><th>内容</th></tr>
<tr><td>{5,}</td><td>5 文字以上</td></tr>
<tr><td>{5,8}</td><td>5 文字から 8 文字</td></tr>
<tr><td>^[0-9A-Za-z]+$</td><td>半角英数字</td></tr>
<tr><td>^[ァ-ンヴー|　|]+$, [\u30A1-\u30FF]*</td><td>全角カタカナ</td></tr>
<tr><td>^[ぁ-ん]+$, [\u3041-\u309F]*</td><td>全角ひらがな</td></tr>
<tr><td>[a-z0-9._%+-]+@[a-z0-9.-]+\.[a-z]{2,3}$</td><td>メールアドレス</td></tr>
<tr><td>\d{3}-?\d{4}</td><td>郵便番号</td></tr>
<tr><td>\d{2,4}-?\d{2,4}-?\d{3,4}</td><td>電話番号</td></tr>
<tr><td>^http(|s)://[0-9a-zA-Z/#&?%\.\-\+_=]+$</td><td>URL</td></tr>
</table>

参考URL：https://qiita.com/ka215/items/795a179041c705bef03b

14 送信修正ボタンのデザインや配置に注意

入力内容を確認するページによくある『送信ボタン』と『修正ボタン』の組み合わせ。ボタンの色を変えただけだと誤操作の可能性が出てきます。

修正 送信

このボタンのスタイルと並びは意外と間違えやすい

送信 修正

送信ボタンが左側にあるフォームは間違える確率が高い

ボタンの誤操作を回避するため、ボタンとテキストの組み合わせにしたり、並びを横ではなく縦並びにして送信ボタンを目立つようにしてあげるとミスが少なくなります。

修正する 送信

テキストとボタン、スタイルを
明確に変えると分かりやすい

送信

修正する

縦並びにすると送信ボタンに
視線がフォーカスされる

入力内容を送信する

修正する

送信ボタン上のラベルで読む意識を
与えると間違いが少なくなる

15 お問い合わせの選択肢を増やす

お問い合わせは問い合わせフォームからでないといけませんか？　電話対応が可能な場合もあるかもしれません。

電話でのお問い合わせ

0120-123-456

平日 09:00 - 17:00

メールフォームでのお問い合わせ

お名前

フリガナ

メールアドレス

フォームだけではなく電話問い合わせができることを明示

お問い合わせの選択肢は明記してあげた方が親切です。ユーザーによっては入力が苦手な人もいるので、ターゲットやお問い合わせ内容に合わせた手段を提示してあげましょう。

16 サンクスページにコンテンツを掲載

お問い合わせ後にサンクスページを表示させるサイトは多いのですが、トップページへの誘導をするだけのサイトをよく見かけます。これでは離脱率が上がるだけなのでおすすめしません。

お問い合わせありがとうございました。

ご入力いただいた内容を確認後、
3営業日以内に返信致します。

トップページへ

トップページへの誘導だと離脱率が高くなる

お問い合わせをしてくれたユーザーにサイトコンテンツを提案すると効果的です。ブログ記事やサービスなどのコンテンツ、よくある質問、SNSへのリンク集などをお問い合わせ後のサンクスページに掲載してファンをつくる仕組みを構築してあげると、次のアクションにつながりやすくなります。

ブログ記事

お問い合わせありがとうございました。

ご入力いただいた内容を確認後、
3営業日以内に返信致します。

それまでの間、弊社スタッフが更新している
ブログコンテンツをお楽しみください。

Blog Blog Blog

ここにブログ記事が並びます

ここにブログ記事が並びます

ここにブログ記事が並びます

ブログ記事一覧へ

サービス一覧

お問い合わせありがとうございました。

ご入力いただいた内容を確認後、
3営業日以内に返信致します。

それまでの間、弊社サービスコンテンツを
お楽しみください。

サービス名 サービス名

サービス名 サービス名

次ページへ

前ページより

よくある質問

お問い合わせありがとうございました。

ご入力いただいた内容を確認後、
3営業日以内に返信致します。

それまでの間、よくある質問コンテンツを
お楽しみください。

Q よくある質問の質問文です。サンクスページによくある質問が並びます。 +

Q サンクスページによくある質問コンテンツ ×

A よくある質問の返答文です。サンクスページによくある質問が並びます。よくある質問の返答文です。サンクスページによくある質問が並びます。

Q サンクスページによくある質問コンテンツ +

よくある質問へ

SNSリンク集

お問い合わせありがとうございました。

ご入力いただいた内容を確認後、
3営業日以内に返信致します。

それまでの間、弊社SNSをお楽しみください。

Chapter

6

現場で使えるWebツールと素材配布サイト

Web制作に便利なWebツールや、クオリティの高い素材配布サイトを紹介します。あなたの現場に活かせるサービスを集めてみました。

1 Webツール

1-1 Beautiful CSS 3D Transform Examples

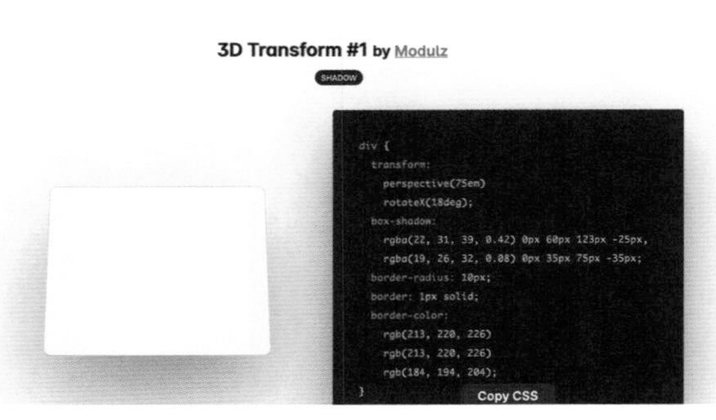

https://polypane.app/css-3d-transform-examples/

CSSのみで表現する3Dデザイン用のコードを取得できるツール。transformを使ってどのように立体的に表現できるか確認できます。hoverによるアニメーションや、div1つで擬似要素を駆使したコーディングに応用できるので、コーディングの勉強にもなります。

1-2 Generate Blobs

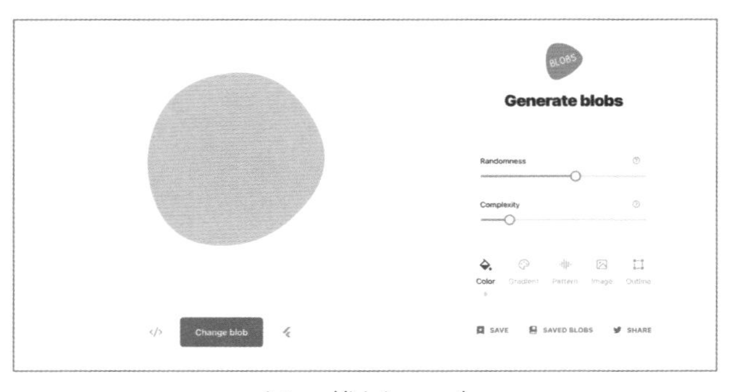

https://blobs.app/

丸みのあるかたちのsvg形式の画像とHTMLタグで取得できるツール。色や背景パターン、塗りつぶしではなく背景画像を配置させることも可能です。

1-3 wordmark

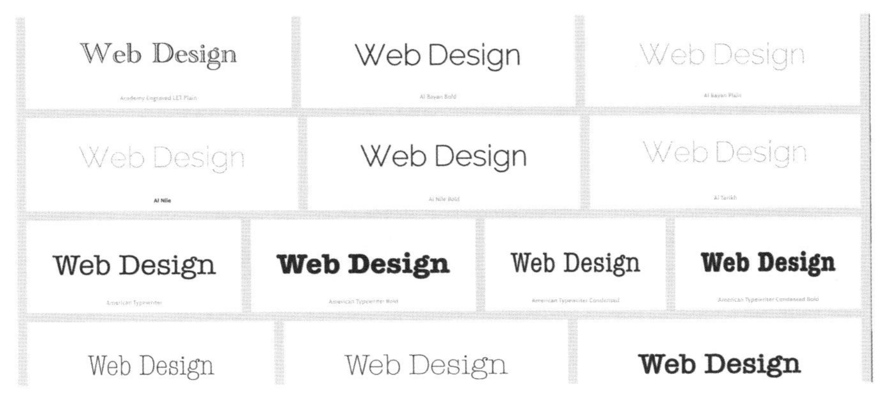

https://wordmark.it/

PCにインストールしているフォントを一覧で確認できるツール。利用していないフォントは何気に忘れがちで「このフォント、インストールしてあったんだ！」という驚きは少なくないはず。時折チェックすることをおすすめします。

1-4 Frontend Toolkit

https://www.fetoolkit.io/

フロントエンド開発をサポートするツール。jpgやsvgといった画像の最適化、カラーコード変換、CSSやJSなどのコードフォーマットなどのツールを1ページにまとめてあります。作業ごとに別サイトを訪れていた方にはありがたいサービス。

1-5　Neumorphism.io

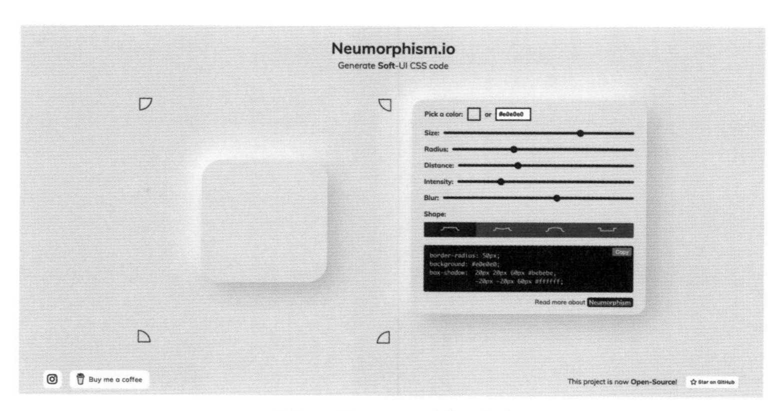

https://neumorphism.io/

ニューモーフィズムをCSSで設定するためのツール。面白い表現ができるので選択肢の1つとしてもっておくとデザインの幅が広がります。少ないコードで表現できるのは嬉しいですね。

1-6　Griddy

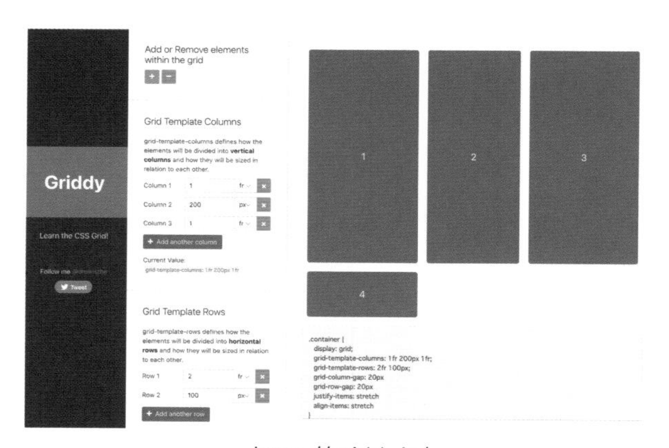

https://griddy.io/

CSSのgridレイアウトを視覚的に設定できるツール。grid-template-columnsとGrid Template Rows、column-gapなどの細かい設定が可能です。本番で使用する前にこちらで確認しておきましょう。

2 写真

2-1 Pexels

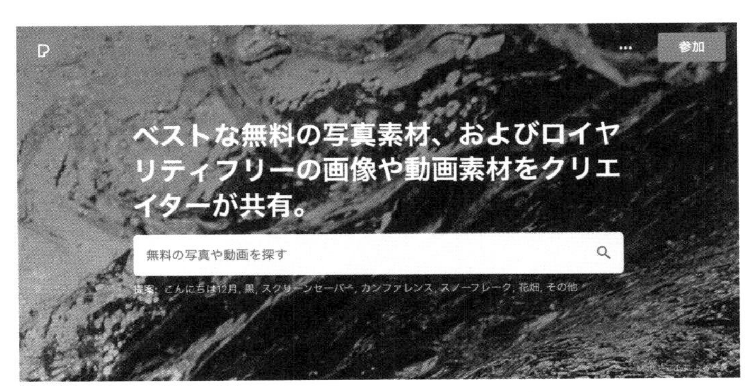

https://www.pexels.com/ja-jp/

きれいな色の写真素材が欲しいならPexels。「ビジネス」のキーワードで検索してみると使いやすい素材が多く見つかるでしょう。

2-2 Free Stock Photos - BURST

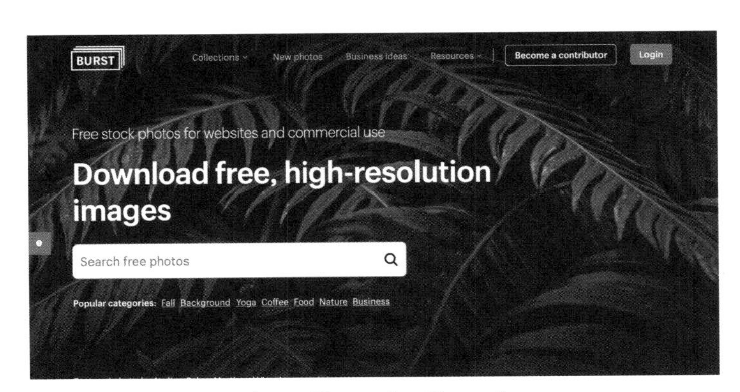

https://burst.shopify.com/

高クオリティの写真素材を配布しているサイト。メインビジュアルやサムネイルに使えるインパクトの強い素材を多くみかけます。

2-3　GIRLY DROP

https://girlydrop.com/

女性2人で運営されているガーリーなフリー写真素材サイト。可愛らしい雰囲気に加工されているので、そのまま使えるのは嬉しいです。かわいいテイストのデザインを作成する前にチェックすることをおすすめします。

2-4　O-DAN

https://o-dan.net/ja/

世界中の無料写真素材サイトから日本語で横断検索ができるサイト。圧倒的な素材の数から探せるのは時短になります。欲しい素材がどうしても見つからないときにはこちらをチェックです。

3 イラスト

3-1 ソコスト

https://soco-st.com/

シンプルで使いやすいイラスト素材。png・svg・eps形式で、epsはパスのアウトライン化をしていないので線の太さも変更可能。「ソコソコ使えるイラスト素材集」を目指しているとのことで、汎用性の高いイラストが多いです。

3-2　Loose Drawing

https://loosedrawing.com/

ほどよい個性が使いやすいLoose Drawing。人や物のイラストだけではなく時事ネタ、アクションを表すイラストなど、細かいシーンに合わせたイラストが面白い。サイト内を一通りチェックしてみると意外な発見があるでしょう。

3-3　ちょうどいいイラスト

https://tyoudoii-illust.com/

タイトル通りに「ちょうどいいイラスト」が豊富な素材サイト。ビジネスや医療、生活に関連したイラストが多いため、使いどころも多くあります。

3-4 shigureni free illust

https://www.shigureni.com/

女の子の日常を写したイラスト素材サイト。よくあるシーンをイラストにしていて、ブログ記事の画像に使えるでしょう。猫がかわいい。

3-5 イラストナビ

https://illust-navi.com/

複数テイストの中からイラストを探せる素材サイト。手書き風のイラストは個性があり、バナーに使うとほどよいインパクトがついて面白そう。また、テーマごとに素材をまとめたフリー素材セットはサイト内で統一感を出せるので便利です。

3-6 Linustock

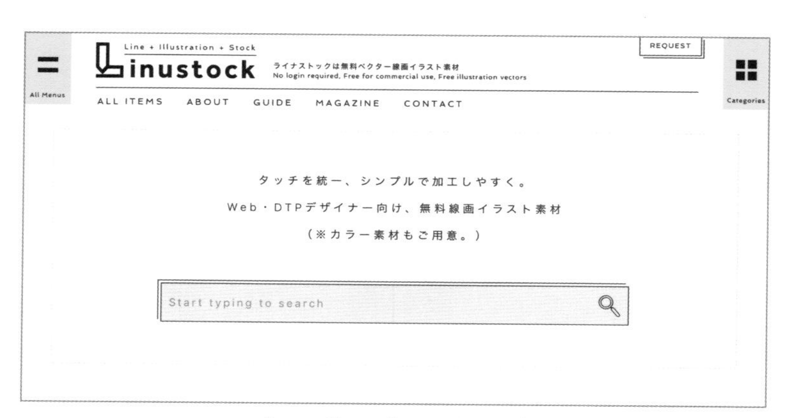

https://www.linustock.com/

シンプルでクオリティの高い線画が欲しいときはLinustock 。汎用性の高いものが多い中、「アボカドでプロポーズ」や「キュンです」など面白イラストもあって見ているだけでも楽しめるサイトです。

3-7 Open Peeps

https://www.openpeeps.com/

さまざまなパーツを組み合わせてイラストを作成できるサイト。表情豊かなキャラクターを作ることができます。

Chapter

7

Google検索結果ページへの対策

Google検索への対策と聞くとSEOをイメージされるかと思いますが、いくら上位をキープできたとしても表示されるコンテンツや表示のされ方によっては効果の薄いものになりかねません。Googleへ情報を通知する構造化データの実装方法について紹介します。

1 Webサイトの運用にあたって

Webサイトを運用するにあたって、検索順位のためのSEO対策に気をとられがちです。しかし、いくら検索順位がよくてもクリックされなければ意味がありません。検索結果に表示されている情報にも目を向けるべきだと考えます。

https://pulpxstyle.com
Pulp Note - WebデザインやWebサイト制作の現場で使える ...
WebデザインやWebサイト制作の現場で使えるTipsやアイデアを発信しています。

HTML / CSS
WebデザインやWebサイト制作の現場で使えるTipsやアイデアを発信し ...

2 - Pulp Note - Webデザイン...
WebデザインやWebサイト制作の現場で使えるTipsやアイデアを発信し ...

Webデザインの参考になる ...
Webデザインをインスピレーションを刺激したい時に参考にして ...

書籍
WebデザインやWebサイト制作の現場で使えるTipsやアイデアを発信し ...

素材
WebデザインやWebサイト制作の現場で使えるTipsやアイデアを発信し ...

アンケート
WebデザインやWebサイト制作の現場で使えるTipsやアイデアを発信し ...

pulpxstyle.com からの検索結果 »

著者が運営しているメディアサイトの検索結果

検索結果に掲載される代表的な情報としては、ページタイトル『<title></title>』や説明文『<meta name="description" content="">』ですが、サイト側で対策できるのはそれだけではありません。

構造化データを記述し、検索エンジン側に詳細な情報を認識させることで検索結果ページに的確に表示され、さらに情報を追加して掲載されるリッチリザルトが表示されます。リッチリザルトは現在31個あり（2022年1月現在）、イベント情報やパンくずリスト、よくある質問などの情報を追加できます。

適切な情報を発信し、競合サイトよりも魅力的な情報が掲載されているページであるとアピールすることが大切です。ここでは、現場でよく使われるであろう4つの構造化データについて紹介します。

補足

HTMLに構造化データを記述するには「JSON-LD」「microdata」「RDFa」の3つの書式がありますが、本書ではGoogleが推奨しているJSON-LDで紹介していきます。

2 記事情報

ブログやお知らせ、最新情報などの記事情報を発信するための構造化データ。
@type（記事のタイプ）を指定し、ページや著者、サイトの情報を入力していきます。

条件によってはGoogle検索結果の「トップニュース」に表示される場合があり、もしここに掲載されれば多くの流入が見込めます。

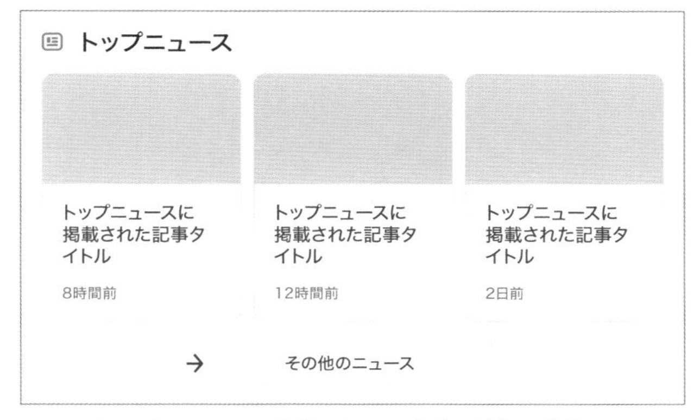

トップニュースに掲載されると多くの流入が見込める

コード

HTML
```
<html>
    <head>
        <title>記事タイトル</title>
        <script type="application/ld+json">
        {
            "@context": "https://schema.org",
            "@type": "BlogPosting", /*記事のタイプ*/
            "mainEntityOfPage": {
                "@type": "WebPage",
```

→ 次ページへ

前ページより

```
            "@id": "ページURL"
        },
        "headline": "記事タイトル",
        "description": "説明文",
        "image": "サムネイル画像URL",
        "author": {  /*著者情報*/
            "@type": "Person",
            "name": "著者名",
            "url": "著者プロフィールページURL"
        },
        "publisher": {  /*サイト情報*/
            "@type": "Organization",
            "name": "サイト名",
            "logo": {
                "@type": "ImageObject",
                "url": "サイトロゴ画像URL"
            }
        },
        "datePublished": "2021-01-27T15:20:30+09:00", /*記事
を最初に公開した日時*/
        "dateModified": "2021-01-28T09:10:55+09:00" /*記事を
最後に更新した日時*/
      }
      </script>
  </head>
  <body>
  </body>
</html>
```

記事タイプ

- Article…ニュース記事やブログ記事など、さまざまなタイプの記事に対応
- NewsArticle…ニュース記事に対応
- Blogposting…ブログ記事に対応

記事タイプの設定で迷ったときは「Article」を指定しておきましょう。

日時の書き方

公開日、更新日ともにISO 8601形式で記述します。

```
2021-01-27T15:20:30+09:00
```

一見難しく見えるかもしれませんが、一度理解すれば更新は簡単です。ISO 8601形式で記述した日時を3つに分解します。

- 2021-01-27……年月日(2021年1月27日)
- T15:20:30………冒頭にTを記述し、時分秒(15時20分30秒)
- +09:00……………日本のタイムゾーン(日本標準時。協定世界時UTCより9時間進んでいるので+9:00)

日本以外で投稿・更新された場合は、対象国のタイムゾーンに変更する必要があります。

コラム「リッチリザルトテスト」

ページに記述した構造化データが正確かどうかを確認することができるWebツール「リッチリザルトテスト」。構造化データを作成したときは必ず検証することをおすすめします。

・リッチリザルトテスト

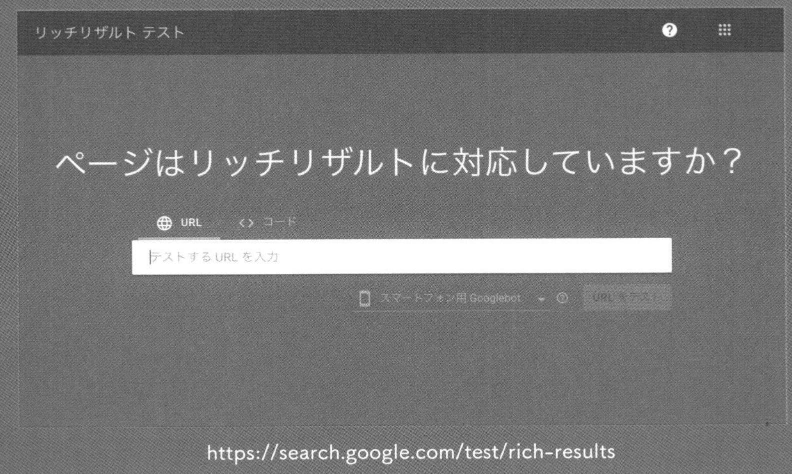

https://search.google.com/test/rich-results

3 パンくずリスト

設定することで検索結果のページタイトル上に表示されるパンくずリスト。階層をわかりやすくするのは、ユーザーためにもGoogleためにも大切なことですので、トップページ以外の下層ページにはぜひとも設定しておきたいです。

https://sample.com › カテゴリ ▾

Googleの検索結果に表示されるページタイトル

2021/02/03 — Googleの検索結果に表示される説明文が表示されます。パンくずリストの構造化データを的確に記述して対策してください。

訪問前から階層構造がわかるパンくずリスト

コード

HTML

```
<html>
  <head>
    <title>ページタイトル</title>
    <script type="application/ld+json">
    {
      "@context": "https://schema.org/",
      "@type": "BreadcrumbList",
      "itemListElement": [{
        "@type": "ListItem",
        "position": 1, /*第1階層（トップページ）*/
        "name": "トップ",
        "item": "https://pulpxstyle.com"
      },{
        "@type": "ListItem",
        "position": 2, /*第2階層（カテゴリページ）*/
```

```
            "name": "カテゴリ",
            "item": "https://pulpxstyle.com/category/"
          },{
            "@type": "ListItem",
            "position": 3, /*第3階層（記事ページ）*/
            "name": "記事タイトル",
            "item": "https://pulpxstyle.com/post01/"
          }]
        }
      </script>
    </head>
    <body>
    </body>
  </html>
```

@typeにBreadcrumbListを指定。positionで階層を明示し、nameでそれぞれのページタイトル、itemにそれぞれのページURLページを指定します。さらに深い階層にするには、カンマ(,)で区切って追記していきます。

コラム「Google公式サイトの構造化データ解説ページ」

Google公式サイトには構造化データの入力方法を解説したページがあります。本書で解説していないものが多数ありますので、合わせて読むとより深く理解できます。ぜひご覧ください。

・検索ギャラリーを見る

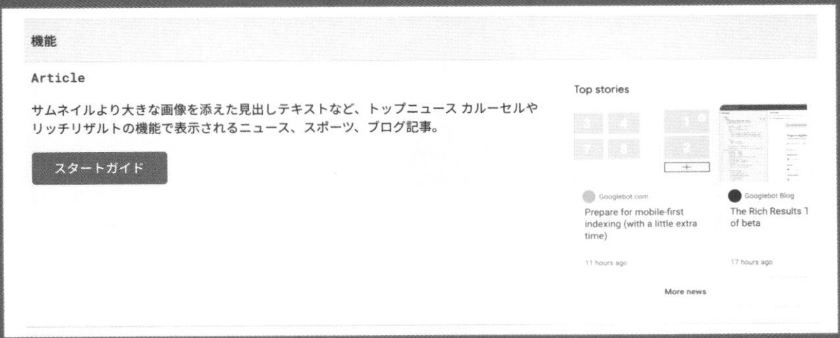
機能
Article
サムネイルより大きな画像を添えた見出しテキストなど、トップニュース カルーセルやリッチリザルトの機能で表示されるニュース、スポーツ、ブログ記事。
スタートガイド
Top stories
Googlebot.com
Prepare for mobile-first indexing (with a little extra time)
11 hours ago
Googlebot Blog
The Rich Results T of beta
17 hours ago
More news

https://developers.google.com/search/docs/advanced/structured-data/search-gallery?hl=ja

4 よくある質問

検索結果ページにアコーディオン形式で表示されるよくある質問。目的の情報が掲載されていることを期待できるように、ユーザーの悩みに合わせた内容を設定すると効果的に訴求できるコンテンツになります。

https://sample.com › カテゴリ ▼

Googleの検索結果に表示されるページタイトル

2021/02/03 — Googleの検索結果に表示される説明文が表示されます。パンくずリストの構造化データを的確に記述して対策してください。

よくある質問文章がここに掲載されます

よくある質問文章がここに掲載されます

よくある質問文章がここに掲載されます

検索結果ページによくある質問がアコーディオン形式で表示される

コード

HTML

```
<html>
    <head>
        <title>よくある質問</title>
        <script type="application/ld+json">
        {
            "@context": "https://schema.org",
            "@type": "FAQPage",
            "mainEntity": [{
                "@type": "Question", /*1つ目のよくある質問*/
```

```
                "name": "質問文章",
                "acceptedAnswer": {
                    "@type": "Answer",
                    "text": "返答文章"
                }
            },{
                "@type": "Question", /*2つ目のよくある質問*/
                "name": "質問文章",
                "acceptedAnswer": {
                    "@type": "Answer",
                    "text": "返答文章"
                }
            },{
                "@type": "Question", /*3つ目のよくある質問*/
                "name": "質問文章",
                "acceptedAnswer": {
                    "@type": "Answer",
                    "text": "返答文章"
                }
            }]
        }
        </script>
    </head>
    <body>
    </body>
</html>
```

@typeにFAQPageを指定。nameに質問文章を記述し、acceptedAnswerのtextに返答文章を記述、よくある質問を追加にするにはカンマ(,)で区切って追加していきます。

注意点

リッチリザルトの中にはよくある質問のほかに、Q&Aがあります。よくある質問は一問一答ですが、Q&Aは一つの質問に対して複数の返答がある形式を指します。Yahoo知恵袋のようなサービスがQ&Aに該当するので、ページコンテンツに合わせて設定しましょう。

5 ローカルビジネス

検索結果のナレッジグラフカードに表示される可能性が出てくるローカルビジネス。
飲食店やカフェ、物販店、病院などの店舗情報を構造化データで記載しておければ、店舗名や住所、電話番号、営業時間などの詳細情報がトップに表示される場合があります。
ローカルビジネスに該当するサイトであれば設定することをおすすめします。

ナレッジグラフカードに掲載されるためには、Googleビジネス プロフィールへの登録も必要です。事前に設定しておきましょう。

ローカル情報が詳細に掲載されるナレッジグラフカード

コード

HTML

```
<html>
    <head>
        <title>Dave's Steak House</title>
        <script type="application/ld+json">
        {
            "@context": "http://schema.org",
            "@type": "Restaurant", /*①*/
            "image": "サムネイル画像URL",
```

```
"name": "店舗名",
"address": {
   "@type": "PostalAddress", /*店舗住所*/
   "streetAddress": "平和公園1-2-3",
   "addressLocality": "港区",
   "addressRegion": "東京都",
   "postalCode": "123-4567",
   "addressCountry": "JP"
},
"geo":{
   "@type": "GeoCoordinates", /*②*/
   "latitude": "35.65868", /*緯度*/
   "longitude": "139.74544" /*経度*/
},
"url": "サイトURL",
"telephone": "電話番号", /*③*/
"servesCuisine": "フランス料理", /*料理カテゴリ*/
"priceRange": "5,000", /*平均予算*/
"openingHoursSpecification": [ /*④*/
{
   "@type": "OpeningHoursSpecification",
   "dayOfWeek": [ /*後述する開店時間と閉店時間が適用される曜日*/
      "Monday",
      "Tuesday",
      "Wednesday",
      "Thursday",
      "Friday"
   ],
   "opens": "10:00", /*先述した曜日の開店時間*/
   "closes": "21:00" /*先述した曜日の閉店時間*/
},
{
   "@type": "OpeningHoursSpecification",
   "dayOfWeek": [ /*後述する開店時間と閉店時間が適用される曜日*/
      "Saturday"
   ],
   "opens": "12:00", /*先述した曜日の開店時間*/
```

次ページへ

前ページより

```
            "closes": "23:00" /*先述した曜日の閉店時間*/
          }
        ],
        "menu": "メニューページURL",
        "acceptsReservations": "true" /*予約状況。予約可の場合はtrue*/
    }
    </script>
  </head>
  <body>
  </body>
</html>
```

記述する情報は店舗の基本情報なので難しいところは少ないと思いますが、注意したい部分があるので3つ紹介します。

① ビジネスの種類

ビジネスの種類を指定します。検索結果にも反映されるため、業種の選択は間違いのないようにしておきましょう。サンプルではレストラン("@type": "Restaurant")を指定しています。種類は多数あるため、ここでは一部を紹介します。

値	内容
Bakery	パン屋
BarOrPub	バー
CafeOrCoffeeShop	カフェ
Restaurant	レストラン
ShoppingCenter	ショッピングセンター
BookStor	本屋
ClothingStor	服屋
ComputerStor	コンピューター販売店
Floris	花屋
FurnitureStore	家具屋
MedicalClini	病院

値	内容
Dentis	歯医者
Optician	眼科
Pediatric	小児科
Pharmacy	薬局
BeautySalo	美容院
DaySpa	エステ
HairSalo	理容店
HealthClub	ジム
SportsClub	スポーツクラブ
NailSalo	ネイルサロン
Hote	ホテル
Resort	リゾートホテル

② 緯度・経度

店舗の緯度経度を調べる方法を知らない方がいるかもしれませんが、Google Mapsで確認できます。

住所を入力して表示されたピンを右クリックすれば緯度経度が表示されます。もしピンが表示されない場合は店舗の位置をクリックすればピンが表示されるのでそこを右クリックすると確認できます。

③ 電話番号

電話番号は国コードと市外局番を含めて記述します。例えば、03-1234-5678という電話番号は「+81-3-1234-5678」を記述します。国コードは日本であれば「+81」、市外局番は最初の0（ゼロ）を除いてそれ以降を記述します。

④ 営業時間

営業時間は該当の時間帯ごとに曜日を指定するイメージで設定します。

●固定された営業時間

```
"openingHoursSpecification": [
{
   "@type": "OpeningHoursSpecification",
   "dayOfWeek": [
      "Monday",
      "Tuesday",
      "Wednesday",
      "Thursday",
      "Friday"
   ],
   "opens": "10:00",
   "closes": "21:00"
}
```

「10:00から21:00まで」の営業時間は「月曜日から金曜日まで」という指定です。もし水曜日は異なる営業時間の場合は「"Wednesday",」を削除します。

次ページへ

前ページより

●24時間営業

```
"openingHoursSpecification": [
{
   "@type": "OpeningHoursSpecification",
   "dayOfWeek": [
      "Monday",
      "Tuesday",
      "Wednesday",
      "Thursday",
      "Friday"
   ],
   "opens": "00:00",
   "closes": "23:59"
}
```

24時間営業を指定するには、00:00から23:59の時間帯を指定して、該当の曜日を指定します。

●定休日

```
"openingHoursSpecification": [
{
   "@type": "OpeningHoursSpecification",
   "dayOfWeek": [
      "Sunday"
   ],
   "opens": "00:00",
   "closes": "00:00"
}
```

定休日を指定するには、opensとclosesに「00:00」を指定して、該当の曜日を記述します。

●休業日

```
"openingHoursSpecification": [
{
   "@type": "OpeningHoursSpecification",
   "opens": "00:00",
   "closes": "00:00",
   "validFrom": "2022-01-27",
   "validThrough": "2022-02-15"
}
```

定休日以外の長期休業は、「validFrom」に休業開始日と「validThrough」に休業終了日を指定し、opensとclosesに「00:00」を指定します。

●複数指定

```
"openingHoursSpecification": [
{
   "@type": "OpeningHoursSpecification",
   …
},
{
   "@type": "OpeningHoursSpecification",
   …
}
```

異なる営業日時や定休日を指定する場合は、間にカンマ(,)を付与し、続けて記述します。病院など1日の中に2つの診察時間帯がある場合は複数指定が必要です。

おわりに

最後までお読みいただき、ありがとうございました。

本書内容は情報の性質上無機質なものになってしまうので、何かしら私からのメッセージを込められたらと思い、「発想の転換力」を裏テーマに執筆させていただきました。

私は常日頃、発想の転換を意識しています。目の前にあって見えているものの中に何か別の良さがあるのでは、とクリエイティブは疑って見るようにしています。一見不要と思ったものでも「ここをなくせば」「あれを追加すれば」と、うまく変換することで自分にとって最良の情報に変えるスキルになります。これは、私のWeb制作には欠かせないものでもあります。

「アイコンは画像を利用するからこのコードは使えない」と思うのではなく、「アイコンは画像にしてもほかのコードはそのまま使えるし、コード短縮化にもつながる」と視点を変えて知識を咀嚼することで、あなたにとって使える情報になる可能性が十分にあります。

本書では発想の転換がしやすいよう、一つひとつ丁寧に解説しております。知識を一通り身につけたら、あなたにとって最良のコードをぜひ探してみてください。自身のクリエイティブが大きく展開するかもしれませんよ。

2022年1月
小林マサユキ

コードレビューのご協力

本書のコードレビューをたかもそさんにご協力いただきました。丁寧で解像度の高いレビューありがとうございました。心より感謝しております。

たかもそ

フリーランスのフロントエンドエンジニア / Webデザイン / マークアップ / コーディングなどWeb制作に関する情報を発信。

著書『今すぐ使えるCSSレシピブック』：https://www.amazon.co.jp/dp/4863542623

Twitter：@takamosoo

本書カバーイラスト

本書のカバーイラストをダニエルさんに依頼させていただきました。メッセージ性のある表情をしたイメージどおりの女性を描いていただき、大変満足しております。ありがとうございました。

ダニエル

ショートカット偏愛家 / 感情と物語が聞こえてくる絵を描いているイラストレーター。

Twitter：@DanyL_robamimi　Instagram：@danyl_robamimi

索引

【あ行】

【か行】

【さ行】

現場で使える
Webデザインアイデアレシピ

2022年1月31日　初版第1刷発行
2022年8月24日　初版第4刷発行

著　者：小林 マサユキ
発行者：滝口 直樹
発行所：株式会社 マイナビ出版
〒101-0003　東京都千代田区一ツ橋2-6-3　一ツ橋ビル 2F
TEL：0480-38-6872（注文専用ダイヤル）
TEL：03-3556-2731（販売部）
TEL：03-3556-2736（編集部）
E-Mail：pc-books@mynavi.jp
URL：https://book.mynavi.jp

ブックデザイン：霜崎 綾子
カバーイラスト：ダニエル
DTP：富 宗治
担当：畠山 龍次

印刷・製本：シナノ印刷株式会社

ISBN：978-4-8399-7735-1